国家生态环境部生物多样性调查与评估项目
（编号：2019HJ2096001006）项目成果
生物工程湖南省"双一流"应用特色学科资助项目
科技部科技基础性工作专项子项目（编号：2014FY110100）项目成果
"药用植物活性成分高效利用"怀化市科技创新人才团队资助项目

我们身边的药用植物

黄少华　刘光华　胡　灿　陈慧林　编著
李汝雯　许　哲　伍贤进

U0205997

西南交通大学出版社
·成都·

图书在版编目（C I P）数据

我们身边的药用植物 / 黄少华等编著. 一成都：
西南交通大学出版社，2020.1
ISBN 978-7-5643-7228-6

Ⅰ. ①我… Ⅱ. ①黄… Ⅲ.①药用植物 – 普及读物
Ⅳ. ①S567-49

中国版本图书馆 CIP 数据核字（2019）第 259148 号

Women Shenbian de Yaoyong Zhiwu
我们身边的药用植物

黄少华	刘光华	胡　灿	陈慧林	编著
	李汝雯	许　哲	伍贤进	

责任编辑	牛　君
助理编辑	姜远平
封面设计	墨创文化

出版发行	西南交通大学出版社
	（四川省成都市金牛区二环路北一段 111 号
	西南交通大学创新大厦 21 楼）
邮政编码	610031
发行部电话	028-87600564　　　028-87600533
网址	http://www.xnjdcbs.com
印刷	四川煤田地质制图印刷厂

成品尺寸	185 mm × 260 mm
印张	6.75
字数	167 千
版次	2020 年 1 月第 1 版
印次	2020 年 1 月第 1 次
书号	ISBN 978-7-5643-7228-6
定价	56.00 元

　　中医药是中华优秀文化的瑰宝，自古以来一直为中华民族的繁衍生息提供医疗保障。中药材是中医药赖以存在和发展的物质基础，在 12 000 余种可供中医药使用的天然药材资源中，药用植物占比超过85%。因此，识别药用植物种类，了解其基本功用，对于普及中医药知识、保护药用植物资源均具有重要意义。

　　初看起来，认识药用植物是一个比较专业的工作，具有一定的难度，但因为药用植物种类的广泛性，以及与人们生活息息相关，其中许多就存在或分布在我们身边，只要我们留心，就会在庭院、路边、田间、地头等随处都能发现药用植物的存在。但是，因为人们专业知识的缺乏或手头可查阅资料的缺失，使得我们习见的药用植物成了熟悉的陌生。本书将目光聚焦于我们身边常见的药用植物，从种类、功效、成分、植物特征等方面进行描述，并提供了植物照片，以期为人们认知身边的药用植物提供一个方便实用的手册，为药用植物的知识普及和合理利用及保护尽一点微薄之力。本书由伍贤进教授和刘光华讲师策划，并具体指导黄少华、胡灿、陈慧林、李汝雯、许哲等 5 位生物科学专业本科生进行资料查阅、编写和拍照。书稿完成后伍贤进、刘光华反复对文稿进行审阅，以确保其科学性。

　　本书之所以能够顺利完成，得益于国家生态环境部生物多样性调查与评估项目（编号：2019HJ2096001006）、生物工程湖南省"双一流"应用特色学科、国家科技部科技基础性工作专项子项目[武陵山区生物多样性综合科学考察——武陵山东南部植物考察（项目编号：2014FY110100）]、"药用植物活性成分高效利用"怀化市科技创新人才团队等项目的资助。书中各药用植物的有关介绍，主要参考和引用了《中华人民共和国药典》《中药大辞典》《全国中草药汇编》《中国植物志》等著作，以及有关药用植物的研究论文，但鉴于篇幅所限，在文中没能将有关参考文献全部列出，在此特向有关作者表示衷心感谢和歉意！怀化学院生物与食品工程学院领导和有关老师对本书的完成给予了高度关注和大力支持，在此表示衷心的感谢！

　　由于编者水平有限，本书从形式到内容不足之处或疏漏之处在所难免，恳请广大读者在使用过程中提出宝贵意见。

作者 2019 年 6 月于怀化学院

目　录

1．木 贼 …………… 001

2．乌蕨 …………… 001

3．海金沙 …………… 002

4．苏铁 …………… 003

5．银杏 …………… 004

6．侧柏 …………… 004

7．荷花玉兰 …………… 005

8．猴樟 …………… 006

9．扬子毛茛 …………… 007

10．莲 …………… 008

11．阔叶十大功劳 …………… 008

12．蕺菜 …………… 009

13．荠 …………… 010

14．繁缕 …………… 011

15．马齿苋 …………… 011

16．土人参 …………… 012

17．红蓼 …………… 013

18．羊蹄 …………… 014

19．地肤 …………… 015

20．牛膝 …………… 016

21．鸡冠花 …………… 017

22．千日红 …………… 017

23．落葵 …………… 018

24．酢浆草 …………… 019

25．凤仙花 …………… 020

26．紫薇 …………… 020

27．石榴 …………… 022

28．光叶子花 …………… 022

29．紫茉莉 …………… 023

30．冬瓜 …………… 024

31．苦瓜 …………… 025

32．仙人掌 …………… 026

33．木槿 …………… 027

34．乌桕 …………… 028

35．叶下珠 …………… 028

36．斑地锦 …………… 029

37．绣球 …………… 030

38．火棘 …………… 031

39．沙梨 …………… 032

40．覆盆子 …………… 033

41．蓬藟 …………… 033

42．枇杷 …………… 034

43．蛇莓 …………… 035

44．白车轴草 …………… 036

45．刺槐 …………… 037

46．蚕豆 …………… 038

47．豌豆 …………… 039

48．云实 …………… 040

49．紫荆 …………… 040

50．杨梅 …………… 041

51．栗 …………… 042

52．木姜叶柯 …………… 043

53．桑 …………… 044

54．无花果 …………… 045

55．苎麻 …………… 046

56．葎草 …………… 047

57．枳椇 …………… 047

58．枣 …………… 048

53．乌蔹莓 …………… 049

60．柚 …………… 050

61. 柑橘 051
62. 楝 052
63. 茴香 053
64. 木犀 054
65. 女贞 054
66. 茉莉花 055
67. 络石 056
68. 夹竹桃 057
69. 栀子 058
70. 接骨草 059
71. 辣椒 060
72. 龙葵 061
73. 茄 061
74. 枸杞 062
75. 阿拉伯婆婆纳 063
76. 凌霄 064
77. 爵床 065
78. 马鞭草 066
79. 马缨丹 066
80. 牡荆 067
81. 夏枯草 068
82. 益母草 069
83. 紫苏 070
84. 风轮菜 071
85. 一年蓬 072

86. 藿香蓟 073
87. 黄鹌菜 073
88. 菊花 074
89. 鳢肠 075
90. 蒲公英 076
91. 万寿菊 076
92. 射干 077
93. 韭莲 078
94. 韭 079
95. 鸭跖草 079
96. 稻 080
97. 棕榈 081
98. 东方香蒲 082
99. 香附子 082
100. 美人蕉 083
附录 085
参考文献 102

1. 木 贼

【药材名】

木贼（Mu zei）

【药用植物名】

木贼 *Equisetum hyemale* L.

【别名】

锉草、笔头草、笔筒草、节骨草、节节草、笔管草。

【产地与分布】

全国大多数地区都有分布，产于陕西、东北、河北、山西、吉林、辽宁、湖北、黑龙江等地。喜欢生长在河岸湿地、山坡林下阴湿处。

【功效主治】

味甘、苦，性平。有明目退翳、疏散风热、止血的功效。主治迎风流泪、风热目赤、目生云翳、喉痛、便血、痈肿、脱肛、崩漏、外伤出血、血痢。

【活性成分】

挥发油、生物碱、有机酸、葡萄糖、果糖及皂苷等。

【药用部位及采收加工】

夏、秋季采收地上部分，除去杂质，洗

干净，阴干或晒干。

【植物特征】

多年生常绿草本。节上轮生黑褐色根。地上茎单一或只在基部分枝，直立，高30 ~ 100 cm，直径6 ~ 8 mm，中空，有节，表面黄绿色或灰绿色，有棱沟20 ~ 30条，粗糙。叶退化成鞘筒状包裹在节上，顶端部和基部颜色较深，各成黑褐色环，鞘片中央有一浅沟。孢子囊穗顶生且紧密，矩圆形，顶部有尖头，无柄，长7 ~ 12 mm。

2. 乌蕨

【药材名】

乌蕨（Wu jue）

【药用植物名】

乌蕨 *Stenoloma chusanum* (L.) Ching

【别名】

乌韭、雉尾、金花草。

【产地与分布】

主要分布在长江流域及其以南的各个省份，北至陕西的南部。常生长在山坡路旁、草丛中，山脚的阴湿处或溪边、田边。

【功效主治】

味苦，性寒。具有清热解毒、利湿的功效。主治风热感冒，肠炎，肝炎，痢疾，沙门氏菌所致食物中毒及毒蕈、木薯、砷中毒，外用治烧烫伤，疮疡痈肿。

【活性成分】

黄酮、挥发油、酚类和多糖等成分。

【药用部位及采收加工】

夏、秋季采收叶，干燥或鲜用。

【植物特征】

多年生草本。叶为草质，长圆状披针形，棕褐色或绿棕色，3～4回羽状分裂，羽片12～20对，互生，卵状披针形，前端尾状渐尖；末回裂片楔形，先端平截，有小牙齿或浅裂成2～3个小裂片。孢子囊群近圆形，着生在裂片背面的顶部，每裂片1～2枚，囊群浅杯形或盖杯形，向叶缘开口，口部全缘或多少啮蚀状。孢子囊圆球形，有长柄，环带宽；孢子呈长圆形，黄色且透明。

3. 海金沙

【药材名】

海金沙（Hai jin sha）

【药用植物名】

海金沙　*Lygodium japonicum* (Thunb.) Sw.

【别名】

金沙藤、罗网藤、蛤蟆藤、猛古藤。

【产地与分布】

分布在我国的华东、中南、西南和陕西、河南等地，主要产于陕西、湖北等地。大多生长在山坡林边、草地、灌丛和溪谷丛林中，攀缘在他物上生长。

【功效主治】

味甘、淡，性寒。具有清利湿热、通淋止痛的功效。主治热淋、血淋、石淋、膏淋、尿道涩痛。

【活性成分】

挥发油、酮类、脂肪油及维生素 B$_1$ 等。

【药用部位及采收加工】

8～9月份孢子成熟的时候，采摘植株，放在筐中，在避风的地方曝晒，搓揉或打下孢子，再用细筛筛去残叶，晒干。

【植物特征】

多年生草质藤本。根状茎横走，生有黑褐色且带节的毛；根为须状，黑褐色且被毛。

叶对生于茎上的短枝两侧，二型，纸质，连同羽轴和叶轴有疏短毛；叶尖三角形，长、宽各 10～12 cm，二回羽状，小羽片掌状或 3 裂，宽 3～8 mm，边缘有不整齐的细钝锯齿；孢子叶卵状三角形，长、宽各 10～20 cm，多收缩而呈深撕裂状。夏末，小羽片下面边缘具有流苏状的孢子囊穗，穗长 2～5 cm，呈黑褐色，孢子表面具有小疣。孢子成熟期 8～9 月。

4. 苏铁

【药材名】

苏铁（Su tie）

【药用植物名】

苏铁　*Cycas revoluta* Thunb.

【别名】

铁树。

【产地与分布】

原产于广东、福建、台湾，全国各地常有栽培。喜暖热湿润的环境，不耐寒冷。

【功效主治】

味甘、淡，性平，有小毒。苏铁花具有理气止痛，益肾固精的功效，主治胃痛、遗精、白带、痛经。苏铁根具有祛风活络，补肾的功效，主治肺结核咯血、肾虚、牙痛、腰痛、风湿、关节麻木疼痛、跌打损伤。苏铁种子和茎顶部的树心有毒，用时宜慎。

【活性成分】

苏铁双黄酮、苏铁苷、脂肪油、还原糖、胆碱等成分。

【药用部位及采收加工】

7～8月采雄球花，干燥。

【植物特征】

常绿棕榈状木本，茎高 1～8 m。茎干圆柱状，不分枝。茎部宿存的叶基和叶痕呈鳞片状。叶从茎顶部长出，一回羽状复叶，长 0.5～2.0 m，厚革质而坚硬，羽片条形。雌雄异株，在华南地区花期 6～7 月，雄球花圆柱形，雌球花扁球形。种子12月成熟，种子大，熟时红色。

5. 银杏

【药材名】

白果（Bai guo）

【药用植物名】

银杏　*Ginkgo biloba* L.

【别名】

公孙树、鸭掌树、鸭脚子。

【产地与分布】

银杏是中生代孑遗的稀有树种，为我国特有植物，仅浙江天目山有野生状态的银杏树木，生长在海拔 500 ~ 1 000 m、酸性黄壤且排水良好地带的天然林中。我国各地银杏的人工栽培区很广，亦常见于园林庭院中。

【功效主治】

种子为中药白果。味甘、苦、涩，性平。具有敛肺气，定喘嗽，止带浊，缩小便的功效。主治哮喘，痰嗽，白带，白浊，遗精，淋病，小便频数。临床常应用于治疗肺结核。

【活性成分】

鞣质类成分、山柰酚、槲皮素等。

【药用部位及采收加工】

10 到 11 月份采收成熟的果实，堆放在地上，或者浸入水中，让肉质外种皮腐烂（也可以直接除去外种皮），洗干净，略煮或稍蒸后，烘干或晒干。

【植物特征】

落叶乔木，高可达 40 m。幼树树皮浅纵裂，淡灰褐色，粗糙。枝近轮生，斜上伸展，短枝密被叶痕，黑灰色。冬芽黄褐色，常为卵圆形，先端钝尖。叶扇形，有长柄，淡绿色，无毛，有多数叉状并列细脉。球花雌雄异株，呈簇生状；雄球花葇荑花序状，下垂，具短梗；雌球花具长梗，梗端常分两叉，每叉顶生一盘状珠座，胚珠着生其上。种子具长梗，下垂，常为椭圆形、长倒卵形、卵圆形或近圆球形，花期 3 ~ 4 月，种子 9 ~ 10 月成熟。

【注意事项】

白果多食会中毒，用药需要谨慎。

6. 侧柏

【药材名】

柏子仁（Bo zi ren）

侧柏叶（Ce bai ye）

【药用植物名】

侧柏　*Platycladus orientalis* (Linn.) Franco

【别名】

扁桧、扁柏、香柏。

【产地与分布】

生于湿润肥沃的山坡草地及石灰岩山地，除了青海、新疆等省区外，全国广有分布，是我国特有的植物。

【功效主治】

柏子仁（侧柏果实）味甘，性平。具有

养心安神，润肠通便，止汗的功效。主治阴血不足，虚烦失眠，心悸怔忡，肠燥便秘，阴虚盗汗。

侧柏叶性寒，味苦。具有凉血止血，化痰止咳的功效。主治咯血，便血，崩漏下血，肺热咳嗽，血热脱发，须发早白。近年来临床应用于治疗急、慢性细菌性痢疾，慢性支气管炎以及肺结核等。

【活性成分】

挥发油、黄酮类、鞣质、树脂、维生素C等。

【药用部位及采收加工】

秋、冬季采收成熟的种子，晒干，除去种皮，收集种仁，放置在阴凉的地方干燥，为中药柏子仁。

侧柏叶全年均可采收（以夏、秋季采收最好），剪掉大枝，干燥后取其小枝叶，摊放在通风干燥处阴干即可。

【植物特征】

常绿乔木，树冠圆锥形。树皮薄，呈淡灰褐色，纵裂成条片。大枝斜出，分枝多。叶片纤细，鳞片状，先端稍钝，相互对生。雄球花卵圆形，呈黄色；雌球花近球形，呈蓝绿色且被有白粉。球果近卵圆形，成熟之前近肉质，蓝绿色且被有白粉，成熟以后变成木质，开裂，呈红褐色。种子卵圆形或近椭圆形，顶端稍尖，紫褐色或灰褐色，长 6 ~ 8 mm，稍有棱脊，无翅或有极窄的翅。花期 3 ~ 4 月，球果 10 月成熟。

7. 荷花玉兰

【药材名】

广玉兰（Guang yu lan）

【药用植物名】

荷花玉兰 *Magnolia grandiflora* L.

【别名】

广玉兰、洋玉兰、木莲花、泽玉兰。

【产地与分布】

我国长江流域以南各城市广有栽培。

【功效主治】

花蕾中医作辛夷入药。其味辛，性温，具有散风寒，通鼻窍的功效。主治外感风寒，鼻塞头痛。树皮具有祛风散寒，行气止痛的功效，主治湿阻，气滞胃痛。

【药用部位及采收加工】

冬末春初花未开放时采收，洗净，阴干备用；树皮随时可采。

【植物特征】

常绿乔木。树皮淡褐色或灰色，开裂。小枝较为粗壮。叶片厚革质，椭圆形，叶面深绿色，先端钝尖，有光泽；无托叶环痕，具有深沟。花白色，味芳香；花被片厚肉质，呈倒卵形；花丝扁平，紫色，花药内向；雌蕊群呈椭圆体形，被有浓密的长绒毛；心皮为卵形，花柱呈卷曲状。聚合果圆柱状，长圆形或卵圆形；种子近卵圆形或卵形，外种皮红色,除去外种皮的种子，顶端延长成短颈。花期 5 ~ 6 月，果期 9 ~ 10 月。

8. 猴樟

【药材名】

猴樟（Hou zhang）

【药用植物名】

猴樟　*Cinnamomum bodinieri* Levl.

【别名】

猴樟、猴挟木、樟树、楠木。

【产地与分布】

分布于贵州、四川东部、湖北、湖南西部及云南东北和东南部。生于路旁、沟边、疏林或灌丛中，主要为城市常见行道树。

【功效主治】

味辛，性微温。具有祛风散寒，理气活血，止痛止痒的功效。根、木材主治感冒头痛，风湿骨痛，跌打损伤，克山病；皮、叶主治吐泻，胃痛，风湿痹痛，下肢溃疡，皮肤瘙痒；果主治胃腹冷痛，食滞，腹胀，胃肠炎。

【活性成分】

黄樟醚、蒎烯、柠檬烯、芳樟醇、水芹烯。

【药用部位及采收加工】

根、木材全年可采；根皮、茎皮刮去栓皮，洗净阴干，为猴樟皮；嫩枝及叶多鲜用。

【植物特征】

乔木，高可达 16 m，树皮灰褐色。枝条圆柱形，紫褐色，无毛。芽小，卵圆形，具有绢状毛。叶互生，呈卵圆形或椭圆状，先端短，逐渐变尖，基部锐尖、宽楔形至圆形，坚纸质。圆锥花序，有时基部具有苞叶，多分枝，具棱角，总梗圆柱形。花绿白色，花梗丝状，被有绢状微柔毛。果球形，绿色，无毛，果托浅杯状。花期 5～6 月，果期 7～8 月。

9. 扬子毛茛

【药材名】

扬子毛茛（Yang zi mao gen）

【药用植物名】

扬子毛茛 *Ranunculus sieboldii* Miq.

【别名】

辣子草、地胡椒。

【产地与分布】

生于海拔 300～2500 m 的山坡林边及平原湿地。

【功效主治】

味辛，性温。全草药用，捣碎外敷，发泡截疟，治疮毒及腹水浮肿。

【药用部位及采收加工】

夏末秋初 7～8 月采收全草及根，洗净，阴干。鲜用可随采随用。

【植物特征】

多年生草本。须根伸长簇生。茎铺散，下部节偃地生根，多分枝，密生开展柔毛。基生叶与茎生叶均为 3 出复叶；叶片圆肾形至宽卵形，基部心形；叶柄密生开展的柔毛，基部扩大成褐色膜质的宽鞘抱茎。花与叶对生；萼片狭卵形，花期向下反折，迟落；花瓣 5，黄色或上面变白色，狭倒卵形至椭圆形，有 5～9 条或深色脉纹，下部渐窄成长爪，蜜槽小鳞片位于爪的基部。聚合果圆球形，瘦果，扁平，边缘有宽棱，成锥状外弯。花果期 5～10 月。

【注意事项】

一般不作内服。

10. 莲

【药材名】

　　荷叶（He ye）

　　莲子（Lian zi）

【药用植物名】

　　莲　*Nelumbo nucifera* Gaertn. Fruct. et Semin

【别名】

　　荷、蕸、蘧。

【产地与分布】

　　全国各地均有分布。生长于水泽、池塘、湖沼或水田内，野生或栽培。

【功效主治】

　　叶：味苦、微辛，性平。具有清热解暑，凉血止血，升发清阳的功效。主治暑热烦渴，暑湿泄泻，脾虚泄泻，血热吐衄，便血崩漏等多种出血症及产后血晕。

　　果：养心，益肾，补脾，涩肠。主治夜寐多梦，遗精，淋浊，久痢，虚泻，妇人崩漏带下。

【活性成分】

　　生物碱、荷叶苷、草酸、琥珀酸及鞣质。

【药用部位及采收加工】

　　叶：6～9月采收，除去叶柄，晒至七、八成干，对折成半圆形，晒干。夏季亦用鲜叶或初生嫩叶（荷钱）。

　　果：9～10月间果实成熟时，剪下莲蓬，剥出果实，趁鲜用快刀划开，剥去壳皮，晒干。

【植物特征】

　　多年生水生草本。根状茎横生，肥厚，节间膨大，上生黑色的鳞叶，下生须状不定根。叶圆形，盾状，全缘稍呈波状。叶柄粗壮，圆柱形，中空。花瓣椭圆形至倒卵形，呈红色、粉红色或白色，由外向内逐渐变小。花药条形，花丝细长，生长在花托之下。花柱极短，柱头顶生。坚果椭圆形或卵形，果皮革质，坚硬，熟时黑褐色；种子呈卵形或椭圆形，种皮红色或白色。花期6～8月，果期8～10月。

11. 阔叶十大功劳

【药材名】

　　阔叶十大功劳（Kuo ye shi da gong lao）

【药用植物名】

　　阔叶十大功劳　*Mahonia bealei* (Fort.) Carr.

【别名】

　　土黄柏、刺黄柏、黄天竹、八角刺、土

黄连。

【产地与分布】

多生于山谷、林下等阴暗潮湿处。浙江、安徽、江西、福建、湖南、湖北、陕西、河南、广东、广西、四川等省区均有分布。

【功效主治】

味苦，性寒。具有补肺气，退潮热，益肝肾的功效。主治肺结核潮热、咳嗽、咯血、腰膝无力、头晕、耳鸣、肠炎腹泻、黄疸型肝炎、目赤肿痛。

【活性成分】

含小檗碱等。

【药用部位及采收加工】

叶入药，全年可采，晒干。

【植物特征】

常绿灌木，高可达 4 m。根、茎的断面呈黄色，味较苦。羽状复叶互生，长 30 ~ 40 cm，叶柄基部扁宽抱茎；小叶 7 ~ 15 片，厚革质，广卵形至卵状椭圆形，先端逐渐变尖为刺齿，边缘反卷，每侧有 2 ~ 7 枚大刺齿。总状花序，较粗壮，丛生在枝顶；密生小苞片；萼片 9，3 轮，花瓣 6 片，淡黄色，先端有 2 浅裂，近基部内面有 2 密腺。浆果卵圆形，熟时为蓝黑色，有白色粉末。花期 7 ~ 10 月，果期 10 ~ 11 月。

12. 蕺菜

【药材名】

鱼腥草（Yu xing cao）

【药用植物名】

蕺菜 *Houttuynia cordata* Thunb

【别名】

狗心草、狗点耳、折耳根。

【产地与分布】

分布于我国长江流域以南各省区。

【功效主治】

味辛，微寒。具有清热解毒，利尿通淋，消痈排脓的功效。主治肺痈吐脓，痰热喘咳，热痢，热淋，痈肿疮毒。

【活性成分】

癸酰乙醛，月桂醛，α–蒎烯、芳樟及槲皮苷。

【药用部位及采收加工】

鲜品全年均可采割；夏秋两季茎叶茂盛

花穗多时采割，除去杂质，晒干备用。

【植物特征】

腥臭草本，高 30 ~ 60 cm；茎下部伏地，节上轮生小根，上部直立，无毛或节上被毛，有时带紫红色。叶薄纸质，有腺点，背面尤甚，卵形或阔卵形，顶端短渐尖，基部心形，两面有时除叶脉被毛外余均无毛，背面常呈紫红色；叶脉 5 ~ 7 条，叶柄长 1 ~ 3.5 cm，无毛；托叶膜质，顶端钝，下部与叶柄合生而成长 8 ~ 20 mm 的鞘，且常有缘毛，基部扩大，略抱茎。总苞片顶端钝圆；雄蕊长于子房，花丝长为花药的 3 倍。瘦果顶端有宿存的花柱。花期 4 ~ 7 月。

13. 荠

【药材名】

荠菜（Ji cai）

【药用植物名】

荠 *Capsella bursa-pastoris* (Linn.) Medic.

【别名】

护生草、清明草、菱角菜、粽子菜。

【产地与分布】

全国各省区均有分布。野生资源丰富，偶有栽培。常生长在山坡、田边及路旁。

【功效主治】

性甘，味平。具有和脾、明目、利水、止血、镇静、抗癌的功效。主治痢疾、水肿、吐血、便血、血崩、乳糜尿、目赤肿痛等。有助于冠心病、高血压、糖尿病、肠癌的防治。荠菜嫩叶可炒食、做汤或作配料，荠菜全草煮鸡蛋食用。

【药用部位及采收加工】

3 ~ 5 月采嫩叶或全草。

【植物特征】

草本，高 10 ~ 50 cm，茎直立，单一或从下部分枝。基生叶丛生呈莲座状，大头羽状分裂，长可达 12 cm，宽可达 2.5 cm，茎生叶窄披针形或披针形，基部箭形，抱茎，边缘有缺刻或锯齿。总状花序顶生及腋生；萼

片长圆形，花瓣白色，卵形，有短爪。短角果倒三角形或倒心状三角形，扁平，无毛，顶端微凹，裂瓣具网脉。种子 2 行，长椭圆形，长约 1 mm，浅褐色。花果期 4 ~ 6 月。

14. 繁缕

【药材名】

繁缕（Fan lü）

【药用植物名】

繁缕　*Stellaria media* (L.) Cyr.

【别名】

薮、繁蒌、滋草、鹅肠菜、五爪龙、狗蚤菜。

【产地与分布】

生于原野及耕地上，全国各地都有分布。

【功效主治】

味微苦、甘、酸，性凉。茎、叶及种子作药用。具有活血、去瘀、下乳、催生的功效。主治产后瘀滞腹痛、乳汁不多、暑热呕吐、肠痈、淋病、恶疮肿毒、跌打损伤。

【活性成分】

皂苷（主要为棉根皂苷元）、黄酮类（荭草素、异荭草素、牡荆素、异牡荆素）。

【药用部位及采收加工】

4～7月花开时采收地上部分，晒干。

【植物特征】

多年生草本。茎在基部匍匐，向顶部上升。叶对生，顶端锐尖，全缘，上部叶片无柄，下部叶片有柄。聚伞形花序腋生或顶生。花瓣白色。蒴果，微长于宿萼。种子呈黑褐色，扁球形，顶端具短喙，反折，表面具有弯弧状网纹，表面有钝瘤。花期由春到秋。

15. 马齿苋

【药用植物名】

马齿苋　*Portulaca oleracea* L.

【药材名】

马齿苋（Ma chi xian）

【别名】

马齿草、马苋、马齿菜、马齿龙芽。

【产地与分布】

全国各地均有分布。性喜肥沃土壤，适应性强，耐旱亦耐涝，常生于菜园、农田以及道路两旁，为田间常见杂草。

【功效主治】

味酸，性寒。具有清热解毒，凉血止血的功效。主治热痢脓血，血淋，带下，痈肿恶疮，丹毒。用于湿热所致的腹泻、痢疾，常配黄连、木香。内服或捣汁外敷，治痈肿。亦用于便血、子宫出血，有止血作用。

【活性成分】

生物碱，香豆精，黄酮，强心苷和蒽苷。

【药用部位及采收加工】

8~9月割取全草，洗净泥土，除去杂质，再用开水稍烫（煮）一下，或蒸上气后，取出晒或炕干；亦可鲜用。

【植物特征】

一年生草本，全株无毛。茎常平卧或斜倚状，圆柱形，分枝较多。叶互生，有时近对生，叶片扁平且肥厚，倒卵形，近马齿状，全缘；叶柄粗短。花无梗，簇生于枝端；苞片叶状，

膜质，近轮生；萼片对生，绿色，盔形，左右压扁，顶端急尖；花瓣黄色，倒卵形；雄蕊较多，花药为黄色；子房无毛，花柱比雄蕊稍长，柱头线形。蒴果呈卵球形；种子细小，多数，偏斜球形，黑褐色，有光泽，具有小疣状的凸起。花期5~8月，果期6~9月。

16. 土人参

【药材名】

土人参（Tu ren shen）

【药用植物名】

土人参　*Talinum paniculatum* (Jacq.) Gaertn.

【别名】

水人参、参草、假人参、土高丽参。

【产地与分布】

我国长江以南各地区均有野生、人工栽培。常生长于田地、路边、墙角石旁、山坡沟边等阴

湿的地方，人工则多栽培于园林庭院。

【功效主治】

味甘，性平。具有健脾润肺，补中益气，调经的功效。主治脾虚劳倦，久病体虚，盗汗、自汗，肺热燥咳，月经不调。

【药用部位及采收加工】

嫩茎叶鲜食，肉质根8～9月采，挖出后，洗净，除去细根，刮去表皮，蒸熟晒干。

【植物特征】

一年生或多年生草本，肉质，全株无毛。主根粗壮而有分枝，呈圆锥形，皮为黑褐色，断面则为乳白色。茎直立，肉质，基部近木质。叶互生或近对生，叶片稍肉质，倒卵形，先端渐尖。圆锥花序顶生或腋生，花序梗较长。花瓣粉红色或淡紫红色，顶端圆钝，稀微凹。蒴果近球形，种子多数，细小、扁圆形，呈黑褐色或黑色，有光泽。花期6～7月，果期9～10月。

17. 红蓼

【药材名】

红蓼（Hong liao）

【药用植物名】

红蓼 *Polygonum orientale* L.

【别名】

荭草、东方蓼、狗尾巴花。

【产地与分布】

除西藏外，全国各地均有分布，栽培或野生。生于村边路旁、沟边湿地，海拔30～2 700 m处。

【功效主治】

味辛，性平；有小毒。具有消渴、明目、去热、益气的功效。主治风湿痹痛，腹泻，痢疾，

水肿，脚气，蛇虫咬伤。

【活性成分】

槲皮苷、黄酮。

【药用部位及采收加工】

晚秋打霜后，采收茎叶，洗净，茎切成小段，晒干；叶置通风处阴干。

【植物特征】

一年生草本。茎直立，粗壮，高约 1.5 m，上部多分枝，密被开展的长柔毛。叶宽卵形或椭圆形，顶端渐尖，基部圆形或近心形，边缘全缘且生有缘毛，两面被密短柔毛，叶脉则密生长柔毛；总状花序呈穗状，顶生或腋生，花紧密，微下垂，常数个组成圆锥状；花被 5 深裂，淡红色或白色；花被片椭圆形，长 3 ~ 4 mm。瘦果近圆形，双凹，直径长约 3 mm，黑褐色，有光泽，包于宿存花被内。花期 6 ~ 9 月，果期 8 ~ 10 月。

18. 羊蹄

【药材名】

羊蹄（Yang ti）

【药用植物名】

羊蹄 *Rumex japonicus* Houtt.

【别名】

野菠菜、羊蹄叶。

【产地与分布】

东北、华北、华东、中南各地。

【功效主治】

味苦、酸，性寒。具有清热解毒，止血，通便，杀虫的功效。主治鼻出血，功能性子宫出血，慢性肝炎，肛门周围炎，大便秘结；外用治外痔，急性乳腺炎，黄水疮，疖肿，皮癣等。

【活性成分】

大黄酚、酸模素。

【药用部位及采收加工】

秋季 8 ~ 9 月采挖根部，洗净，晒干。

切片，生用。

【植物特征】

多年生草本。茎直立，高 50 ~ 100 cm，上部分枝，具沟槽。基生叶长圆形或披针状长圆形，顶端急尖，基部圆形或心形，边缘呈微波状，下面沿叶脉具小突起；茎上部叶狭长圆形；叶柄长 2 ~ 12 cm；托叶鞘膜质，易破裂。圆锥状花序，花两性，多花轮生；花梗细长，中下部具关节。瘦果宽卵形，具 3 锐棱，两端尖，暗褐色，有光泽。花期 5 ~ 6 月，果期 6 ~ 7 月。

19. 地肤

【药材名】

　　地肤子（Di fu zi）

【药用植物名】

　　地肤　*Kochia scoparia* (L.) Schrad.

【别名】

　　地葵、地麦、独扫子、竹帚子、千头子、帚菜子、铁扫把子、扫帚子。

【产地与分布】

　　分布于黑龙江、吉林、辽宁、河北、山东、山西、陕西、河南、安徽、江苏、甘肃等省区。生长在山野荒地、田野、路旁，园林庭院也常有栽培。

【功效主治】

　　味辛、苦，性寒。具有清热利湿，祛风止痒的功效。主治小便涩痛，阴痒带下，风疹，湿疹，皮肤瘙痒。

【活性成分】

　　三萜皂苷、生物碱类。

【药用部位及采收加工】

　　秋季果实成熟时割取全草，晒干，打下果实，除净枝、叶等杂质。

【植物特征】

　　一年生草本。根略似纺锤形。茎直立，圆柱状，淡绿色或带紫红色。平面叶，披针形或条状披针形。花两性或仅雌性，生于上部叶腋，构成疏穗状圆锥花序；花被近似球形，淡绿色；花丝为丝状，花药淡黄色；柱头丝状，紫褐色，花柱极短。胞果扁球形，果皮膜质，与种子离生。种子卵形，黑褐色，稍有光泽；胚环形，胚乳块状。花期6～9月，果期7～10月。

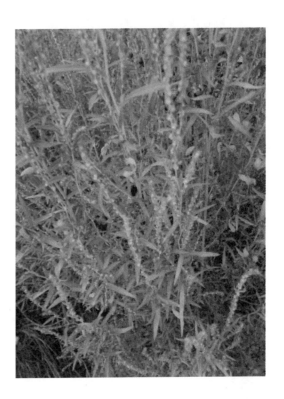

20. 牛膝

【药材名】

牛膝（Niu xi）

【药用植物名】

牛膝 *Achyranthes bidentata* Blume

【别名】

怀牛膝、牛髁膝、山苋菜。

【产地与分布】

除东北外全国广有分布。生于山坡林下，海拔 200 ~ 1 750 m 处。

【功效主治】

味苦、性平。具有补肝肾，强筋骨，逐瘀通经，引血下行的功效。主治腰膝酸痛，筋骨无力，经闭癥瘕，肝阳眩晕。

【活性成分】

三萜皂苷、多种多糖。

【药用部位及采收加工】

待冬季茎叶枯萎时采挖全草，除去须根和泥沙，捆成小把，晒干。

【植物特征】

多年生草本，高一般为 70 ~ 120 cm；根呈细长圆柱形。茎有棱角或四方形，绿色或带紫色，有白色贴生或开展柔毛。叶片呈椭圆形或椭圆披针形，少数倒披针形，两面被有紧贴或开展的柔毛；穗状花序顶生、腋生，长 3 ~ 5 cm，花期后反折；苞片呈宽卵形，顶端长渐尖；胞果矩圆形，长 2 ~ 2.5 mm，黄褐色，光滑。种子为矩圆形，长 1 mm，黄褐色。花期 7 ~ 9 月，果期 9 ~ 10 月。

21. 鸡冠花

【药材名】

鸡冠花（Ji guan hua）

【药用植物名】

鸡冠花 *Celosia cristata* L.

【别名】

鸡公花、老来红、鸡髻花。

【产地与分布】

我国南北各地广有栽培，喜阳光充足、肥沃的土地，不耐贫瘠，庭院、花坛常作观赏植物栽培。

【功效主治】

味甘，性凉。具有收敛止血，止带，止痢的功效。主治吐血，崩漏，便血，痔血，赤白带下，久痢不止。

【活性成分】

山奈苷、松醇、硝酸钾。

【药用部位及采收加工】

秋季花盛开时采收花序，晒干。

【植物特征】

一年生直立草本，粗壮。分枝较少，近上部扁平，有棱纹状凸起。单叶互生，叶片呈卵形、卵状披针形或披针形。花多数，极密生，成扁平肉质鸡冠状、卷冠状或羽毛状的穗状花序，一个大花序下面有数个较小的分枝，圆锥状矩圆形，表面羽毛状，花被片红色、紫色、黄色、橙色或红色黄色相间。胞果卵形，包于宿存花被内，种子肾形，黑色，有光泽。花期 5~8 月，果期 8~11 月。

22. 千日红

【药材名】

千日红（Qian ri hong）

【药用植物名】

千日红 *Gomphrena globosa* L.

【别名】

千日红、火球花、百日红、沸水菊、长生花。

【产地与分布】

全国南北各省广为栽培。喜阳光充足的气候，耐旱、不耐荫蔽环境。

【功效主治】

味甘、微咸，性平。具有止咳平喘，清肝明目，解毒的功效。主治咳嗽，哮喘，百日咳，小儿夜啼，目赤肿痛，肝热头晕，头痛，痢疾，疮疖。近年临床应用于治疗呼吸系统疾病，尤其对慢性支气管炎有明显治疗效果。

【活性成分】

B-花青苷类、千日红苷Ⅰ、千日红苷Ⅱ。

【药用部位及采收加工】

夏、秋采摘花序或拔取全株，鲜用或晒干。

【植物特征】

一年生直立草本，茎直立、粗壮，有分枝，枝近四棱形，全株被有浓密的白色长毛。单叶对生，叶片纸质，长椭圆形或矩圆状倒卵形，顶端急尖或圆钝，凸尖，基部渐狭，边缘为波状，两面有小斑点、白色长柔毛以及缘毛，叶柄有灰色长柔毛。花多数，密生，顶生头状花序，球形或矩圆形，常为紫红色，有时淡紫色或白色；胞果近球形，种子肾形，棕色，光亮。花果期 6 ~ 9 月。

23. 落葵

【药材名】

落葵（Luo kui）

【药用植物名】

落葵 *Basella alba* L.

【别名】

藤菜、臙脂豆、木耳菜、潺菜、豆腐菜、紫葵、胭脂菜。

【产地与分布】

我国南北各地多有种植。多生于海拔 2 000 m 以下地区，我国长江流域以南各地均有栽培，北方相对较少见。

【功效主治】

味甘、淡，性凉。具有清热解毒，接骨止痛，滑肠通便，清热利湿的功效。主治阑尾炎，痢疾，大便秘结，膀胱炎；外用治骨折，跌打损伤，外伤出血，烧烫伤。近年来多应用于抗肿瘤、消炎等领域。

【活性成分】

葡聚糖、黏多糖、β-胡萝卜素等。

【药用部位及采收加工】

夏、秋季采收叶或全草，洗净，除去杂质，鲜用或晒干。

【植物特征】

一年生缠绕草本。茎长可达数米，无毛，肉质，绿色或略带紫红色，有分枝。单叶互生，叶片为卵形或近圆形，顶端渐尖，基部微心形或圆形，下延成柄，全缘，背面叶脉微凸起；叶柄上有凹槽。穗状花序腋生，花被片淡红色或淡紫色，卵状长圆形，全缘，顶端较为钝圆，下部白色，连合成筒。浆果卵形或球形，红色至深红色或黑色，多汁液，有宿存的肉质小苞片和萼片。花期5~9月，果期7~10月。

24. 酢浆草

【药材名】

酢浆草（Cu jiang cao）

【药用植物名】

酢浆草　*Oxalis corniculata* L.

【别名】

酸母草、醋啾啾、三叶酸草。

【产地与分布】

全国各地均有分布。生长于路边、田边、荒地、山坡草地、河谷沿岸或林下阴湿处等。

【功效主治】

性寒、凉。具有清热利湿，凉血散瘀，消肿解毒的功效。主治泄泻，痢疾，黄疸，淋病，赤白带下，麻疹，吐血，疥癣，痔疾，脱肛，咽喉肿痛，疔疮痈肿，跌打损伤，烫伤等。

【活性成分】

原儿茶醛、腺嘌呤、当药黄素、香叶木苷及异牡荆素。

【药用部位及采收加工】

夏秋采收全草，晒干备用。

【植物特征】

草本。茎匍匐或斜升，具多分枝，匍匐

茎节上生根。叶互生，掌状复叶，托叶与叶柄连生。花单生或集为伞形花序状，腋生，总花梗淡红色，与叶近等长；苞片线形；花黄色，倒卵形。蒴果近圆柱形，长毛，熟时裂开种子弹出。种子小，长卵形，褐色或红褐色。花、果期2~9月。

25. 凤仙花

【药材名】

急性子（Ji xing zi）

凤仙透骨草（Feng xian tou gu cao）

【药用植物名】

凤仙花 *Impatiens balsamina* L.

【别名】

指甲花、急性子、凤仙透骨草。

【产地与分布】

我国各地庭园广泛栽培，是常见的观赏花卉。

【功效主治】

急性子是凤仙花的干燥成熟种子，味微苦、辛，性温，有小毒。具有破血软坚，消积的功效。主治癥瘕痞块、骨鲠咽喉、噎膈、闭经、腹部肿块。

凤仙透骨草为凤仙花的茎，味苦、辛，性温，有小毒。具有活血，祛风湿，解毒的功效。主治痈肿、风湿痹痛、跌打肿痛、鹅掌风、丹毒、蛇虫咬伤、闭经、痛经。

【活性成分】

全草含凤仙甾醇、帕灵锐酸、皂苷。

【药用部位及采收加工】

秋季采收还没有开裂的成熟果实，打出种子，除去其余部分，晒干，置干燥处，为中药急性子；夏秋间割取地上部分，除去叶

及花果，将茎洗净，晒干，为中药凤仙透骨草。

【植物特征】

一年生草本，高 60 ~ 100 cm；茎粗壮，肉质，直立，无毛或幼时被疏柔毛，具多数纤维状根，下部节常膨大；叶互生，叶片披针形，先端尖或渐尖，基部楔形，边缘有锐锯齿；花单生或 2 ~ 3 朵簇生于叶腋，白色、粉红色或紫色。旗瓣圆形，兜状，先端微凹，背面中肋具狭龙骨状突起，顶端具小尖，翼瓣具短柄，2 裂，下部裂片小，倒卵状长圆形；蒴果宽纺锤形，两端尖，密被柔毛。种子多数，圆球形，黑褐色。花期 7 ~ 10 月。

26. 紫薇

【药材名】

紫薇根（Zi wei gen）

紫薇花（Zi wei hua）

紫薇叶（Zi wei ye）

【药用植物名】

紫薇 *Lagerstroemia indica* L.

【别名】

痒痒花、痒痒树、紫金花。

【产地与分布】

广东、广西、湖南、福建、江西、浙江、江苏、湖北、河南、河北、山东、安徽、陕西、四川、云南、贵州及吉林均有生长或栽培；半阴生，喜生于肥沃湿润的土壤，也能耐旱，不论钙质土或酸性土都生长良好。

【功效主治】

根：味微苦，性微寒。具有清热利湿，活血止血，止痛的功效。主治痢疾，水肿，烧烫伤，湿疹，痈肿疮毒，跌打损伤，血崩，偏头痛，牙痛，痛经，产后腹痛。

花：味微酸，性寒。主治产后血崩不止，疥癫癣疮，血隔癥瘕，带下淋漓，崩中。

叶：味微苦、涩，性寒。主治痢疾，创伤出血，湿疹。

【活性成分】

根含谷甾醇，花含紫薇碱、印车前明碱等。

【药用部位及采收加工】

根：全年均可采挖，洗净，切片，晒干，或鲜用。

花：5 ~ 8 月采花，晒干。

叶：春、夏季采收，洗净，鲜用，或晒干备用。

【植物特征】

落叶灌木或小乔木，高常 5 ~ 6 m。树皮平滑，灰色或灰褐色。枝干多扭曲。叶互生但也有对生，纸质，椭圆形、阔矩圆形或倒卵形，顶端短尖或钝形，有时微微内凹，基部阔楔形或似圆形。花淡红色或紫色、白色，顶生圆锥花序；花瓣 6，皱缩；花萼长 7 ~ 10 mm，外面平滑，但鲜时萼筒有微突起短棱，两面均无毛。蒴果椭圆状球形或阔椭圆形，幼时绿色至黄色，成熟时或干燥时为紫黑色，室背开裂；种子有翅。花期 6 ~ 9 月，果期 9 ~ 12 月。

27. 石榴

【药材名】

石榴皮（Shi liu pi）

【药用植物名】

石榴 *Punica granatum* L.

【别名】

安石榴、山力叶、丹若、若榴木。

【产地与分布】

石榴是一种常见的果树，全国大部分地区均有分布，其中江苏、河南等地种植面积较大。多生于向阳山坡或栽培于庭院中。

【功效主治】

石榴皮味酸、涩，性温。具有涩肠止泻，止血，驱虫的功效。主治久泻，久痢，便血，脱肛，带下，虫积腹痛，崩漏。

【活性成分】

含鞣质、蜡、树脂、甘露醇等。

【药用部位及采收加工】

秋季果实成熟后收集果皮，洗净、切块，晒干。

【植物特征】

落叶灌木或乔木，高通常 3 ～ 5 m。树皮青灰色，枝顶常成尖长刺。叶常对生或簇生，纸质，矩圆状披针形，顶端短尖、钝尖或微凹，基部短尖，上面光亮，叶柄短。花大，花瓣通常大，红色、黄色或白色，顶端圆形；萼筒长 2 ～ 3 cm，常红色或淡黄色。浆果近球形，常为淡黄褐色或淡黄绿色，有时白色，极少暗紫色，先端有宿存花萼裂片。种子多数，钝角形，红色至乳白色。花期 5 ～ 6 月，果期 7 ～ 8 月。

28. 光叶子花

【药材名】

叶子花（Ye zi hua）

【药用植物名】

光叶子花 *Bougainvillea glabra* Choisy

【别名】

宝巾、芳杜鹃、三角花、紫三角、九重葛、紫亚兰。

【产地与分布】

分布于福建、广东、海南、广西、云南等地。各地公园温室常有栽培。

【功效主治】

味苦、涩，性温。具有调和气血，化湿止带的功效。主治血瘀经闭，月经不调，赤白带下。

【活性成分】

长链饱和脂肪酸，2-葡萄糖基芸香糖，甜菜花青素。

【药用部位及采收加工】

冬、春季节开花时采下花朵，晒干备用。

【植物特征】

藤状灌木。茎较为粗壮，枝下垂；刺腋生。叶片纸质，卵形或卵状披针形，上面无毛，下面被微柔毛。花顶生在枝端的3个苞片内，苞片为叶状，紫色或洋红色，呈长圆形或椭圆形，纸质；雄蕊6～8；花柱侧生，线形，柱头较尖；花盘基部合生呈环状，上部撕裂状。花期冬春季间，北方温室栽培3～7月开花。

29. 紫茉莉

【药材名】

紫茉莉根（Zi mo li gen）

紫茉莉叶（Zi mo li ye）

紫茉莉子（Zi mo li zi）

【药用植物名】

紫茉莉 *Mirabilis jalapa* L.

【别名】

胭脂花、野茉莉、丁香、夜饭花。

【产地与分布】

全国大部分地区均有栽植。

【功效主治】

紫茉莉根：具有利尿通淋、清热解毒、活血化瘀的功效。主治淋浊、肺痨吐血、痈疽发背、急性关节炎。

紫茉莉叶：具有解毒疗伤的功效。主治痈疖、疥癣、创伤。

紫茉莉子：去面部癍痣粉刺。

【活性成分】

氨基酸、有机酸及大量淀粉。

【药用部位及采收加工】

紫茉莉根于秋冬时挖取根块，洗净泥沙，晒干；紫茉莉叶于秋季采收；紫茉莉子于9～10月果实成熟时采收，除去杂质，晒干。

【植物特征】

一年生草本。茎直立，分枝较多，节稍膨大。叶对生，呈卵状，顶端渐尖，基部为截形或心形，全缘，两面均无毛，羽状网脉。总苞近钟形，5裂，裂片三角状卵形，顶端渐尖，无毛，具脉纹；花被紫红色、黄色、白色或杂色，高脚碟状。瘦果，革质，果实狭卵形，黑色，表面具有皱纹。花期6～10月。果期8～11月。

30. 冬瓜

【药材名】

冬瓜（Dong gua）

【药用植物名】

冬瓜　*Benincasa hispida* (Thunb.) Cogn.

【别名】

白瓜、水芝、白冬瓜。

【产地与分布】

全国都有种植。

【功效主治】

味甘、性寒。

冬瓜藤：具有清肺泻热的功效。主治肺热痰火、脱肛。

冬瓜皮：具有利水消肿的功效。主治水

肿、暑热口渴、小便短赤、小便不利、腹泻、痈肿。

冬瓜瓤：具有解毒消肿的功效。主治淋病、烦渴、水肿、痈肿。

【活性成分】

冬瓜主要成分为蛋白、糖、粗纤维、钙、磷、铁、维生素 C 等；种子含酰甘油和多种脂肪酸。

【药用部位及采收加工】

冬瓜叶：夏季采收。

冬瓜瓤：夏末秋初采收。

冬瓜皮：食用冬瓜皮前将冬瓜洗净，削下外层果皮，晒干即可。

【植物特征】

一年生攀缘草本。茎长、略呈方形，有黄褐色硬毛及长柔毛，有棱沟，卷须分枝。单叶互生，有长柄，边缘具锯齿。花冠黄色，单生在叶腋处，花瓣外展。瓠果肉质，椭圆形，果皮淡绿色，表面有硬毛和白霜，果肉白且肥厚，果梗圆柱形，具纵槽种子多数，白色或黄白色。花期 5 ~ 6 月，果期 6 ~ 8 月。

31. 苦瓜

【药材名】

苦瓜（Ku gua）

【药用植物名】

苦瓜 *Momordica charantia* L.

【别名】

锦荔枝、癞葡萄、凉瓜、菩达。

【产地与分布】

全国南北各地均有栽植。

【功效主治】

味苦，性寒。

苦瓜根：具有清热解毒、清心明目、益气壮阳的功效。

苦瓜藤：具有清热解毒的功效。主治痢疾、疮毒、胎毒、牙痛。

苦瓜叶：具有清热解毒，杀菌，止痢，止痛的功效。主治胃痛，湿疹皮炎、热毒疖肿、毒蛇咬伤。

苦瓜（果实）：具有清暑解热、明目、解毒、养血滋肝、润脾补肾的功效。主治热病烦渴

引饮、中暑、赤眼疼痛，具有辅助降血糖、降血脂、抗氧化、增强免疫力及预防肥胖等保健功能。

【活性成分】

苦瓜总苷和苦瓜多糖等植物胰岛素、苦瓜素、苦瓜亭。

【药用部位及采收加工】

以瓜、根、藤及叶入药。苦瓜（果实）秋后采收，切片晒干或鲜用；苦瓜藤、苦瓜叶、苦瓜根于夏秋采收。

【植物特征】

一年生攀缘草本。多分枝，茎、枝被柔毛，卷须纤细，不分枝。叶大并呈肾状圆形，5～7深裂，裂片卵状椭圆形，边缘有波状齿，两面近于光滑或有毛。花冠黄色，花萼钟形。果实长椭圆形，卵形，具钝圆不整齐的瘤状突起，成熟时橘黄色，自顶端开裂成三瓣。种子扁平椭圆形，有红色肉质假种皮。花期5～7月，果期9～10月。

32. 仙人掌

【药材名】

仙人掌（Xian ren zhang）

【药用植物名】

仙人掌 *Opuntia stricta* (Haw.) Haw. var. *dillenii* (Ker～Gawl.) Benson

【别名】

仙巴掌、霸王树。

【产地与分布】

明末引种到我国，常栽培于南方沿海地区。在广东、广西南部和海南沿海地区亦有野生。

【功效主治】

味苦，性寒。具有行气活血，凉血止血，解毒消肿的功效。主治喉痛，肺热咳嗽，肺痨咯血，乳痈，胃痛，痞块，痢疾，吐血，痔血，疮疡疔疖，痄腮，癣疾，蛇虫咬伤，烫伤，冻伤。临床常应用于冻伤、急性乳腺炎、十二指肠溃疡等。

【活性成分】

茎、叶含三萜类、苹果酸、琥珀酸等。

【药用部位及采收加工】

以全株入药。栽培1年后，即可随时采收。可鲜用也可切片晒干。

【植物特征】

丛生肉质灌木。上部分枝宽倒卵形、倒卵状椭圆形，先端圆形，基部渐狭，绿色，无毛。

叶钻形，绿色，早落。刺黄色，有淡褐色横纹，粗钻形，基部扁，坚硬；短绵毛灰色，短于倒刺刚毛，宿存。花辐状，花托倒卵形，顶端截形并凹陷，基部渐狭。浆果，肉质，卵球形，顶端凹陷，表面平滑无毛，紫红色。种子多数，扁圆形，无毛，淡黄褐色。花期 6 ~ 10 月。

33. 木槿

【药材名】

木槿（Mu jin）

【药用植物名】

木槿　*Hibiscus syriacus* Linn.

【别名】

槿树、金漆树、椵。

【产地与分布】

河北、河南、陕西、山东、江苏、浙江、安徽、湖北、湖南、江西、福建、台湾、广东、广西、云南、贵州、四川均有栽培，系我国中部各省原产。

【功效主治】

木槿皮：具有清热解毒，止咳化痰，利湿，消肿的功效。主治咳嗽，肺痈，肠痈，痔疮肿痛，白带，疥癣，肠风泻血。

木槿叶：可清热止痢，解毒疗疮。常用来治疗赤白下痢，疔疮疖肿。

【活性成分】

木槿茎皮含辛二酸、β-谷甾醇、1,22-二十二碳二醇、白桦脂醇、古柯三醇以及脂肪酸等；木槿根皮含鞣质、黏液质等；叶含肥皂草素、肥皂草苷、β-胡萝卜素、叶黄素等。

【药用部位及采收加工】

4 ~ 5 月，剥下茎皮或根皮，洗净晒干，即为药材木槿皮。叶全年均可采，鲜用或晒干。

【植物特征】

落叶灌木或小乔木，高 3 ~ 6 m。树皮灰褐色，无毛，嫩枝上有绒毛。叶互生；菱状卵形或卵形，具有深浅不同的 3 裂或不裂，主脉 3 条，下面沿叶脉微被毛或近无毛，花单生于叶腋，花瓣 5，淡红色、白色或紫色；小苞片 6 ~ 8，线形，长约为花萼之半；萼片 5 裂，卵状披针形，有星状毛和细短软毛；蒴果卵圆形，先端尖，密被黄色星状绒毛。种子肾形，背部有黄白色长柔毛。花期 7 ~ 10 月。

34. 乌桕

【药材名】
　　乌桕（Wu jiu）

【药用植物名】
　　乌桕　*Sapium sebiferum* (L.) Roxb.

【别名】
　　腊子树、桕子树、木子树。

【产地与分布】
　　分布于河南、陕西及华东、华南、中南、西南等省区。生长于村边、溪边、堤岸或山坡上。

【功效主治】
　　味微苦，性寒，有小毒。具有破积逐水、杀虫解毒的功效。主治血吸虫病，传染性肝炎，肝硬化腹水，大小便不利，毒蛇咬伤等。外用治疗疔疮，鸡眼，跌打损伤，乳腺炎，湿疹，皮炎等。

【活性成分】
　　白蒿香豆精、东莨菪素、花椒油素、鞣花酸及脂类。

【药用部位及采收加工】
　　以根皮、树皮及叶入药。根皮或树皮全年可采收，切片晒干。叶夏秋季采收，鲜用。

【植物特征】
　　落叶乔木，有乳汁。幼枝淡黄绿色。单叶互生，纸质，菱状或菱状圆形，先端长渐尖，基宽楔形，全缘，两面无毛。穗状花序顶生；花单性，雌雄同序，无花瓣及花盘，雄花生

于花序上部，雌花生于花序基部，着生处两侧各有肾形腺体 1 枚，花萼 3 深裂。蒴果卵球形或椭圆形，先端尖。花期 4 ～ 5 月。果期 8 ～ 10 月。

35. 叶下珠

【药材名】
　　叶下珠（Ye xia zhu）

【药用植物名】
　　叶下珠　*Phyllanthus urinaria* L.

【别名】
　　珍珠菜、叶后珠、叶下珍珠。

【产地与分布】

　　分布于长江流域至南部各省区。生于山坡、路旁或田坎较干燥的地方。

【功效主治】

　　味微苦、甘，性凉。具有清热利尿，明目，消积的功效。主治肾炎水肿，泌尿系感染，结石，肠炎，痢疾，黄疸型肝炎；外用于青竹蛇的咬伤。

【活性成分】

　　没食子酸、甲氧基鞣花酸、豆甾醇、β-谷甾醇、胡萝卜苷及生物碱。

【药用部位及采收加工】

　　于夏、秋两季采集全草，去除杂质，晒干。

【植物特征】

　　一年生小草本。茎直立，分枝，常带有赤红色。单叶互生，呈两列，无柄或具有短柄；叶片呈长椭圆形，先端斜尖或钝或有小凸尖，基部圆形或稍偏斜，全缘。夏秋沿茎叶下面开白色小花，无花柄，无花瓣。花后结蒴果，扁球形，形如小珠，排列于假复叶下。种子橙黄色。花期4~6月，果期7~11月。

36. 斑地锦

【药材名】

　　斑地锦（Ban di jin）

【药用植物名】

　　斑地锦 *Euphorbia maculata* L.

【别名】

　　血筋草。

【产地与分布】

　　分布于江苏、江西、浙江、湖北、河南、

河北和台湾。生于平原或低山坡的路旁。

【功效主治】

味辛，性平。具有止血，清湿热，通乳的功效。主治黄疸，泄泻，疳积，尿血，血崩，外伤出血，乳汁不多。

【活性成分】

槲皮素、山柰酚、异槲皮苷、没食子酸等。

【药用部位及采收加工】

6～9月采收，晒干即可。

【植物特征】

一年生草本。根纤细。茎匍匐，有白色疏柔毛。叶对生，长椭圆形或肾状长圆形，先端钝，基部偏斜，不对称，略呈渐圆形，边缘中部以上常具细小疏锯齿，中部以下全缘；叶面绿色，中部常具有一个长圆形的紫色斑点，叶背淡绿色或灰绿色，新鲜时可见紫色斑痕，叶面无毛。花序单生于叶腋，基部具有短柄，总苞呈狭窄杯状，外部被有白色稀疏柔毛，边缘5裂，裂片三角状圆形；蒴果三角状卵形，被有稀疏柔毛，成熟时会分裂为3个分果。种子卵状四棱形，灰色或灰棕色，每个棱面具5个横沟，无种阜。花果期4～9月。

---

37. 绣球

【药材名】

八仙花（Ba xian hua）

【药用植物名】

绣球 *Hydrangea macrophylla* (Thunb.) Ser.

【别名】

紫绣球、八仙绣球、粉团花。

【产地与分布】

分布于山东、河南、安徽、江苏、浙江、湖北、湖南、福建、广东及其沿海岛屿、广西、贵州、四川、云南等省区。野生或栽培。常生于山谷、溪旁或山顶疏林中，海拔380～1 700 m处。

【功效主治】

味苦微辛，性寒，有小毒。具有抗疟、消热的功效。作抗疟药用，功效与常山相仿。主治疟疾，心热惊悸，烦躁。

【活性成分】

马钱子苷、八仙花酚及其糖苷等。

【药用部位及采收加工】

　　春、夏季采收绣球的根、叶、花。

【植物特征】

　　落叶灌木，高可达 1 ~ 4 m。茎的基部常发出多数放射枝，形成圆形灌丛。枝为圆柱形，粗壮，紫灰色至淡灰色，无毛，具有少数长形皮孔。叶纸质或近革质，呈倒卵形或阔椭圆形，先端骤尖，基部钝圆或阔楔形。伞房状聚伞形花序接近球形，具较短的总花梗，分枝粗壮，密生有短柔毛，花密集，多数不育，孕性花极少数，花瓣长圆形。蒴果未成熟，长陀螺状。花期 6 ~ 8 月。

38. 火棘

【药材名】

　　火棘（Huo ji）

【药用植物名】

　　火棘　*Pyracantha fortuneana* (Maxim.) Li

【别名】

　　火把果、红子刺、救军粮、吉祥果。

【产地与分布】

　　分布于陕西、河南、江苏、浙江、福建、湖北、湖南、广西、贵州、四川、西藏、云南等地。生长于山地、丘陵地的阳坡、灌丛、草地及河沟路旁。

【功效主治】

　　味甘、酸，性平。

　　果：具有消积止痢，活血止血的功效。主治消化不良，肠炎，痢疾，小儿疳积，崩漏，白带，产后腹痛。

　　根：具有清热凉血的功效。主治虚痨骨蒸潮热，肝炎，跌打损伤，筋骨疼痛，腰痛，崩漏，白带，月经不调，吐血，便血。

　　叶：具有清热解毒的功效。外敷治疮疡肿毒。

【活性成分】

　　果实中含有丰富的有机酸、蛋白质、氨基酸、维生素及多种矿物质；根皮、茎皮及

果实含丰富的单宁；叶含芸香苷、槲皮素等。

【药用部位及采收加工】

秋季果实成熟时采摘，晒干；叶全年均可采，鲜用，随采随用；根皮全年可采收、切片晒干。

【植物特征】

常绿灌木。侧枝短，先端成刺状，嫩枝外被锈色短柔毛，老枝暗褐色，无毛；芽小，外被短柔毛。叶片倒卵形或长圆形，叶柄短。花集成复伞房花序，花梗和总花梗近于无毛；花萼筒钟状，无毛；萼片三角卵形，先端钝；花瓣白色，近圆形；花药黄色；花柱离生。果实近球形，橘红色或深红色。花期3～5月，果期8～11月。

39. 沙梨

【药材名】

沙梨（Sha li）

【药用植物名】

沙梨　*Pyrus pyrifolia* (Burm. f.) Nakai

【别名】

麻安梨。

【产地与分布】

主要产于江苏、安徽、浙江、福建、江西、湖北、湖南、广东、广西、贵州、四川、云南等地。

【功效主治】

味甘、微酸，性凉。具有生津润燥，清热化痰的功效。主治热病津伤烦渴，消渴，热咳，痰热惊狂，噎膈，便秘。

【活性成分】

苹果酸、枸橼酸、果糖、葡萄糖及蔗糖。

【药用部位及采收加工】

8～9月间果实成熟时采收。鲜用或切片晒干。

【植物特征】

乔木。二年生枝深褐色，具稀疏皮孔。叶片卵状椭圆形或卵形，先端长尖，基部圆

形或近心形，边缘有刺芒锯齿。伞形总状花序；苞片呈膜质，线形，边缘被长柔毛；萼片三角卵形，先端渐尖，边缘具有腺齿，外面无毛，内面密被褐色绒毛；花瓣卵形，先端啮齿状，基部具有短爪，白色。果实近球形，浅褐色，有浅色斑点，先端略微向下陷，萼片脱落。种子卵形，微扁，深褐色。花期4月，果期8月。

40. 覆盆子

【药材名】

　覆盆子（Fu pen zi）

【药用植物名】

　掌叶覆盆子 *Rubus chingii* Hu

【别名】

　覆盆、乌藨子、小托盘。

【产地与分布】

　产湖南、湖北、江西、江苏、浙江、安徽、福建、广西等地。

【功效主治】

　味甘、酸，性平，无毒。具有补肝益肾，固精缩尿，明目的功效。主治遗精滑精，遗尿尿频，阳痿早泄，目暗昏花等。

【活性成分】

　有机酸、糖类及少量维生素 C。

【药用部位及采收加工】

　夏初果实由绿变绿黄时采收，除去梗、叶，置沸水中略烫或略蒸，取出，干燥。

【植物特征】

　藤状灌木，高 1.5 ~ 3 m；枝细，具皮刺，无毛。单叶，近圆形，直径 4 ~ 9 cm，基部心形，边缘掌状，深裂，稀 3 或 7 裂，叶柄长 2 ~ 4 cm，疏生小皮刺。单花腋生，直径 2.5 ~ 4 cm；花梗长 2 ~ 4 cm，无毛；萼片卵形或卵状长圆形，顶端具凸尖头，外面密被短柔毛；花瓣椭圆形或卵状长圆形，白色。果实近球形，红色，直径 1.5 ~ 2 cm，密被灰白色柔毛；核有皱纹。花期 3 ~ 4 月，果期 5 ~ 6 月。

41. 蓬蘽

【药材名】

　蓬蘽（Peng lei）

【药用植物名】

　蓬蘽 *Rubus hirsutus* Thunb.

【别名】

　覆盆、陵蘽、阴蘽、割田藨、寒莓、寒藨。

【产地与分布】

　产河南、江西、安徽、江苏、浙江、福建、台湾、广东。生山坡路旁阴湿处或灌丛中，海拔达 1 500 m 处。

【功效主治】

　味甘、酸，性温。具有补肾益精，缩尿的功效。主治多尿，阳痿，不育，须发早白，痈疽。

【活性成分】

不详。

【药用部位及采收加工】

秋季果熟时采收，晒干。

【植物特征】

灌木，枝红褐色或褐色，被有柔毛和腺毛，疏生皮刺。小叶卵形或宽卵形，顶端急尖，顶生小叶顶端常渐尖，基部宽楔形至圆形，两面疏生柔毛，边缘具不整齐的尖锐锯齿；叶柄稀较长，均具柔毛和腺毛，疏生皮刺；托叶披针形或卵状披针形，两面具柔毛。花常单生于侧枝顶端，也有腋生；花梗具柔毛和腺毛，或有极少小皮刺；花瓣倒卵形或近圆形，白色，基部具爪。果实近球形，无毛。花期4月，果期5~6月。

42. 枇杷

【药材名】

枇杷叶（Pi pa ye）

枇杷根（Pi pa gen）

枇杷（Pi pa）

枇杷核（Pi pa he）

【药用植物名】

枇杷 *Eriobotrya japonica* (Thunb.) Lindl.

【别名】

枇杷：金丸、芦橘、卢桔、芦枝。枇杷叶：巴叶、芦桔叶。

【产地与分布】

全国大部分地区都有栽培。主要分布于云南、贵州、四川、陕西、甘肃、江苏、安徽、浙江、江西、福建、台湾等地。湖北、四川有野生。

【功效主治】

叶：味苦、微辛，性微寒。具有清肺止咳、化痰止咳、降逆止呕、清肺胃热、和胃降气、降气化痰的功效，常与其他药材制成"川贝枇杷膏"。

枇杷根：味苦，性平。具有清肺止咳，镇痛下乳的功效。主治肺结核咳嗽，风湿筋骨痛，乳汁不通。

枇杷核：味苦，性寒。具有疏肝理气的功效。主治疝痛、咳嗽、淋巴结结核。枇杷仁有镇咳作用。

【活性成分】

果实含水分90.26%，总氮2.15%，碳水化合物67.30%，其中还原糖71.31%。果肉含脂肪、糖、蛋白质、纤维素、果胶、鞣质、灰分及维生素C和维生素B_1等。叶含挥发油，主要为橙花叔醇和金合欢醇。枇杷种子含苦杏仁苷、蜡醇、氨基酸等。

【药用部位及采收加工】

枇杷叶全年皆可采收，采摘后，晒至七、八成干时，扎成小束，再晒干。枇杷果实成熟后采黄留青，分批采收，刷去毛后，蜜炙用或切丝生用。枇杷根全年均可采挖，洗净泥土，切片，晒干。

【植物特征】

常绿小乔木，小枝粗壮，黄褐色，密生锈色或灰棕色绒毛。叶片革质，呈披针形、倒卵形、倒披针形，上部边缘有疏锯齿，基部全缘，上面光亮，多皱，下面密生灰棕色绒毛；叶柄短或几无柄，有灰棕色绒毛；托叶钻形，有毛，先端急尖。顶生圆锥花序，具多花；总花梗和花梗密生锈色绒毛；花瓣白色，基部具爪，有锈色绒毛。果实球形或长圆形，黄色或橘黄色，外有锈色柔毛；种子球形或扁球形，呈褐色、光亮，种皮纸质。花期10～12月，果期5～6月。

43. 蛇莓

【药材名】

蛇莓（She mei）

【药用植物名】

蛇莓　*Duchesnea indica* (Andr.) Focke

【别名】

蛇泡草、龙吐珠、三爪风、蛇果草。

【产地与分布】

主要分布于辽宁以南各省区。生于山坡、草地、河岸等潮湿的地方，海拔1 800 m以下处。

【功效主治】

味甘、苦，性寒。具有清热解毒，散瘀消肿，凉血止血的功效。主治热病，惊痫，

感冒，痢疾，黄疸，目赤，口疮，咽痛，疟腮，毒蛇咬伤，吐血，崩漏，月经不调，烫火伤，跌打肿痛。现临床常用于治疗白喉、细菌性痢疾、急性穿孔性阑尾炎。

【活性成分】

亚油酸、烃、醇及谷甾醇。

【药用部位及采收加工】

采收全草，洗净，晒干或鲜用。

【植物特征】

多年生草本。根茎短，粗壮，匍匐茎多

数，被柔毛，长而纤细。掌状复叶，具有长柄，小叶片倒卵形至菱状长圆形，先端圆钝，边缘有钝锯齿，两面皆有柔毛。花单生于叶腋，被柔毛；萼片卵形，先端锐尖，外面有散生柔毛；副萼片倒卵形，比萼片长。花瓣倒卵形，黄色，先端圆钝；花托在果期膨大，呈海绵质，鲜红色，有光泽。瘦果卵形，光滑或具有不明显突起，鲜时有光泽。花期 6～8 月，果期 8～10 月。

44. 白车轴草

【药材名】

白车轴草（Bai che zhou cao）

【药用植物名】

白车轴草　*Trifolium repens* L.

【别名】

白花苜蓿、金花草、三消草、螃蟹花、菽草、翘摇。

【产地与分布】

分布于东北、华北、江苏、贵州、云南。产于全国大部分地区，多栽培。

【功效主治】

味微甘，性平。具有清热，凉血，宁心的功效。主治癫痫，痔疮出血，硬结肿块。

【活性成分】

异槲皮苷、亚麻子苷、百脉根苷及染料木素等。

【药用部位及采收加工】

夏、秋季花盛期采收全草，晒干。

【植物特征】

茎匍匐蔓生，上部稍上升，节上生根。

掌状三出复叶；叶片倒卵形至倒心形，先端钝圆或凹陷，基部宽楔形渐窄至小叶柄，边缘具有细齿；托叶卵状披针形。总花梗长；无总苞，苞片披针形，膜质，萼筒状，被微毛；花冠白色或淡红色、乳白色，旗瓣椭圆形，具有短爪，先端圆，翼瓣明显短于旗瓣，龙骨瓣稍长。种子宽卵形，黄褐色。荚果长圆形，包于膜质的萼内。花果期 5～10 月。

45. 刺槐

【药材名】

刺槐花（Ci huai hua）

【药用植物名】

刺槐 *Robinia pseudoacacia* L.

【别名】

洋槐、刺儿槐。

【产地与分布】

全国各地均有栽培。生长于村舍附近及公路两旁。

【功效主治】

味甘，性平。具有止血的功效。主治大肠下血，咯血，吐血，血崩。

【活性成分】

花含刀豆酸、鞣质、黄酮类、蓖麻毒蛋白及氨基酸。

【药用部位及采收加工】

6～7月花盛开时采收花序，摘下花，晾干。

【植物特征】

落叶乔木。树皮呈灰褐色，深纵裂；小枝暗褐色，具有针刺，无毛。奇数羽状复叶，全缘。总状花序腋生，下垂，花萼钟状，先端浅裂或5齿，被柔毛；花冠白色，芳香，旗瓣接近圆形，有爪，基部有黄色斑点，翼瓣弯曲，龙骨瓣向内弯，下部连合；荚果条状长椭圆形，扁平，赤褐色。种子间不具横隔膜。种子肾形，黑褐色，具有微小黑斑。花期4～6月，果期8～9月。

46. 蚕豆

【药材名】

蚕豆（Can dou）

【药用植物名】

蚕豆 *Vicia faba* L.

【别名】

胡豆、南豆、佛豆。

【产地与分布】

全国大部分地区都有栽培。一般栽于田中或田岸旁。

【功效主治】

味甘、微辛，性平。具有解毒消肿、健脾利水、凉血止血、止泻的功效。主治吐血、咯血、便血、内出血、腹泻、膈食、疮毒、水肿等。

【活性成分】

蛋白质、有机酸和黄酮类化合物等。

【药用部位及采收加工】

夏季果实成熟呈黑褐色的时候，摘取全株，晒干，打下种子，除净后置于烈日下晒干。

【植物特征】

一年生草本。主根短粗，多须根，根瘤粉红色，密集。茎粗壮，直立，具四棱，中空、无毛。偶数羽状复叶，叶轴顶端卷须短缩为短尖头；托叶戟头形或近三角状卵形，略有锯齿，具深紫色密腺点。总状花序腋生，花梗近无；花呈丛状着生于叶腋，花冠白色，具紫色脉纹及黑色斑晕。果肥厚，表皮绿色，被绒毛，内有白色海绵状横隔膜，成熟后表皮变为黑色。种子长方圆形，中间内凹。种脐线形，黑色，位于种子一端。花期4~5月，果期5~6月。

【药材名】

　　豌豆（Wan dou）

【药用植物名】

　　豌豆　*Pisum sativum* L.

【别名】

　　荷兰豆、青小豆、麦豆、回鹘豆、雪豆。

【产地与分布】

　　喜温和湿润的气候，为半耐寒性作物，不耐燥热。全国各地均有栽培。

【功效主治】

　　味甘，平。具有和中下气，利小便，解疮毒的功效。主治霍乱转筋，脚气，痈肿。

【活性成分】

　　豆荚含赤霉素 A20。种子含植物凝集素、赤霉素等。

【药用部位及采收加工】

　　种子于冬季低温时每隔 7 ~ 10 天采收 1 次；春暖后，可隔 2 ~ 3 天采收 1 次。嫩荚于花谢后 8 ~ 10 天，豆荚停止生长，种子开始发育时采收，此时仍为深绿色或开始变为浅绿色，"豆粒"长到饱满时为宜。采收鲜豆粒食用或加工者，应在花谢后 15 ~ 20 天采收。

【植物特征】

　　一年生攀缘草本。全株绿色，光滑无毛，被粉霜。叶具有小叶，小叶卵圆形，托叶心形，下缘具细牙齿。数朵花排列为总状花序或叶腋单生花；花萼钟状，裂片披针形；花冠颜色多样，多为白色和紫色，随品种而异，雄蕊（9 + 1）两体。子房无毛，花柱扁平，内面有髯毛。果实为肿胀荚果，顶端斜急尖，背部近于伸直，内侧有坚硬纸质的内皮；种子青绿色，圆形，无或有皱纹，干后变为黄色。花期 6 ~ 7 月，果期 7 ~ 9 月。

48. 云实

【药材名】

云实（Yun shi）

【药用植物名】

云实　*Caesalpinia decapetala* (Roth) Alston

【别名】

药王子、马豆、天豆、朝天子、云实子、云实籽等。

【产地与分布】

分布于华东、中南、西南及河北、陕西、甘肃。常生长于山坡灌丛中、沿河两旁及平原、丘陵等地。

【功效主治】

味辛，性温。具有清热除湿，止咳化痰，杀虫的功效。主治痢疾，疟疾，慢性气管炎，小儿疳积，虫积。

【活性成分】

鞣质等。

【药用部位及采收加工】

秋季果实成熟时采收，剥取种子，去除杂质，晒干备用。

【植物特征】

藤本。树皮呈暗红色。枝、叶轴和花序均被有柔毛和钩刺。二回羽状复叶，羽片对

生，具柄；小叶膜质，长圆形，两端接近圆钝；托叶小，斜卵形，先端渐尖，早落。总状花序顶生，直立，多花；总花梗多刺；花萼下具关节；萼片长圆形；花瓣黄色，膜质，圆形或倒卵形；雄蕊与花瓣近等长，花丝基部扁平；子房无毛。荚果长圆状舌形，脆革质，栗褐色，无毛，有光泽，先端具尖喙；种子椭圆状，种皮棕色。花果期 4 ~ 10 月。

49. 紫荆

【药材名】

紫荆皮（Zi jing pi）

紫荆花（Zi jing hua）

紫荆木（Zi jing mu）

紫荆果（Zi jing guo）

【药用植物名】

紫荆　*Cercis chinensis* Bunge

【别名】

裸枝树，紫珠。

【产地与分布】

分布于我国陕西、甘肃及华北、华东、中南、西南等区域。为栽培植物，多植于庭园、屋旁、街边，少数生于密林或石灰岩地区。

【功效主治】

紫荆皮：味苦，性平。具有活血通经，消肿止痛，解毒的功效。主治月经不调，痛经，经闭腹痛，风湿性关节炎，跌打损伤，咽喉肿痛；外用治痔疮肿痛，虫蛇咬伤。

紫荆花：味苦，性平。具有清热凉血，通淋解毒的功效。主治热淋，血淋，疮疡，风湿筋骨痛。

紫荆木：味苦，性平，无毒。具有活血，通淋的功效。治妇女痛经，瘀血腹痛，淋病。

紫荆果：味甘，微苦，性平。具有止咳平喘，行气止痛的功效。主治咳嗽多痰，哮喘，心口痛。

【活性成分】

紫荆皮含鞣质，种子含微量游离的赖氨酸、天门冬氨酸。根含挥发油。

【药用部位及采收加工】

7～8月剥取树皮，去除杂质，洗净泥土，切宽丝，干燥，筛去灰屑。全年均可采收木部，鲜时切片晒干。4～5月采花，晒干。5～7月采收荚果，晒干。

【植物特征】

落叶乔木或灌木，树皮和小枝灰白色。

叶纸质，近圆形，先端急尖，基部浅至深心形，两面无毛，嫩叶绿色，仅叶柄略带紫色。花簇生，紫红色或粉红色；龙骨瓣基部具有深紫色斑纹，花蕾时光亮无毛，后期则密被短柔毛。荚果扁狭长形，绿色，先端急尖或短渐尖，基部长渐尖，两侧缝线对称或近对称；种子阔长圆形，黑褐色，光亮。花期3～4月；果期8～10月。

50. 杨梅

【药材名】

杨梅（Yang mei）

【药用植物名】

杨梅 *Myrica rubra* (Lour.) S. et Zucc.

【别名】

朹子、圣生梅、白蒂梅、朱红、树梅、机子、椴梅、山杨梅。

【产地与分布】

产于江苏、浙江、台湾、福建、江西、湖南、贵州、四川、云南、广西和广东等省区。生长在海拔 125 ~ 1 500 m 的山坡或山谷林中，喜酸性土壤。

【功效主治】

味甘、酸，性温。具有生津解烦，和中消食的功效。用于解酒，涩肠，止血。

【活性成分】

葡萄糖、果糖、柠檬酸、苹果酸、草酸、乳酸和蜡质。

【药用部位及采收加工】

果夏季成熟时采摘，鲜用，干用或盐渍备用。

【植物特征】

常绿乔木，树皮灰色，老时纵向浅裂。树冠圆球形。小枝及芽无毛。叶革质，无毛，常密集生于小枝上端部分；顶端渐尖或急尖，基部为楔形。花雌雄异株，雄花序单独或数条丛生于叶腋，圆柱状，通常不分枝呈单穗状。花药椭圆形，暗红色，无毛。雌花序卵状长椭圆形，常单生于叶腋。核果球状，外表面具乳头状凸起，外果皮肉质，含有较多汁液及树脂，味酸甜，成熟时深红色或紫红色；核常为阔椭圆形或圆卵形，略成压扁状，内果皮极硬，木质。花期 4 月，果期 6 ~ 7 月。

51. 栗

【药材名】

栗（Li）

【药用植物名】

栗　*Castanea mollissima* Bl.

【别名】

板栗、毛栗、栗子。

【产地与分布】

全国南北各地广有分布。

【功效主治】

味甘，性温。具有滋阴补肾的功效。主治肾虚腰痛。现代研究，果实具有提高免疫力、防治心血管疾病，加快脂肪代谢等作用。

【活性成分】

果实主要含糖类、淀粉、蛋白质、脂肪等，还含有胡萝卜素、硫胺素、核黄素、烟酸、抗坏血酸。

【药用部位及采收加工】

9 ~ 10月份采收果实。

【植物特征】

乔木，高可达20 m，胸径约80 cm，小枝灰褐色，有稀疏的长毛和鳞腺。叶片呈椭圆或长圆形，顶部短至渐尖，基部近截平或圆，或两侧稍微向内弯曲而呈现出耳垂状，常一侧偏斜不对称，新生叶片的基部狭窄而尖锐，两侧对称，背面有星芒状伏贴绒毛或因毛脱落变为几乎无毛。花3 ~ 5朵聚生成簇。成熟壳斗的锐刺有长有短，有疏有密，浓密时全遮蔽壳斗外壁，稀疏时则外壁可见，壳斗内有坚果2 ~ 3个。花期4 ~ 6月，果期8 ~ 10月。

52. 木姜叶柯

【药材名】

甜茶（Tian cha）

【药用植物名】

木姜叶柯 *Lithocarpus litseifolius* (Hance) Chun 或多穗柯 *Lilhocarpus Polystachys* Rehd

【别名】

溆浦瑶茶、甜茶、甜叶子树。

【产地与分布】

分布于秦岭南坡以南各省区，为山地常绿林的常见树种，喜阳光，耐旱，主产于湖南、四川、贵州、江西、浙江等省。

【功效主治】

味甘、微苦，性平。具有截疟，利尿，降压的功效。木姜叶柯已通过国家批准可作为新资源食品使用。现用于延缓衰老，抗氧化，降血压，降血脂，降血糖等辅助治疗。

【活性成分】

黄酮类、生物碱等。

【药用部位及采收加工】

春、夏、秋季摘嫩叶，晒干或鲜用，也可按照绿茶制作工艺制作代用茶。

【植物特征】

常绿乔木，小枝幼时淡褐色，老时干后暗褐黑色。叶互生，嚼食有明显甜味；叶柄长 2 ~ 2.5 cm，基部增粗，常呈暗褐色，有时被灰白色粉霜；叶片革质，长椭圆形或卵状长椭圆形，长 7 ~ 14 cm，宽 3 ~ 4 cm，先端急尖或突然渐尖，基部楔形，全缘，无毛，下面稍带灰白色。雄穗状花序多穗排成圆锥花序，有时雌雄同序。坚果为顶端锥尖的圆锥形或近圆球形，栗褐色或红褐色。花期 5 ~ 9 月，果期翌年 5 ~ 9 月。

53. 桑

【药材名】

桑枝（Sang zhi）

桑叶（Sang ye）

桑葚（Sang shen）

【药用植物名】

桑 *Morus alba* L.

【别名】

家桑、荆桑、桑葚树、黄桑。

【产地与分布】

全国各地均有分布。主产于江浙地区，湖南、四川、河北等地也产量较大。生于丘陵、山坡、村旁、田野等处，且多为人工栽培。

【功效主治】

桑枝：味微苦，性平。具有祛风湿，利关节，行水气的功效。主治风寒湿痹，四肢拘挛，脚气浮肿，肌体风痒。尤以治肩背酸痛、经络不利为常用。

桑叶：味苦、甘，性寒。具有疏散风热，清肺润燥，清肝明目的功效。主治风热感冒，肺热燥咳，头晕头痛，目赤昏花。

桑葚：味甘、酸，性寒。具有补血滋阴，生津润燥的功效。主治眩晕耳鸣，心悸失眠，须发早白，津伤口渴，内热消渴，血虚便秘。

【活性成分】

桑枝含鞣质、糖类、黄酮类；桑叶含芸

香苷、槲皮素及挥发油等；桑葚含糖、鞣酸、苹果酸及维生素等。

【药用部位及采收加工】

桑枝于春末夏初采收，除去叶后晒干，或趁新鲜时切成长 30 ~ 60 cm 的段或斜片，晒干。桑叶于 10 ~ 11 月霜降后采收，除去细枝及杂质，晒干。桑葚于 4 ~ 6 月果实变红时采收，晒干，或略蒸后晒干。

【植物特征】

落叶乔木或灌木。树皮较厚，灰色，具有不规则的浅纵裂；小枝有细毛。叶呈卵形或广卵形；托叶为披针形，早落。单性花，常腋生或生于芽鳞腋内，与叶同时生出；雄花序下垂；花被片为宽椭圆形，淡绿色；花丝在芽时内折，球形至肾形，纵裂；雌花无梗，花被片为倒卵形，无花柱。聚合果呈卵状椭圆形，成熟时红色或暗紫色。花期 4 ~ 5 月，果期 5 ~ 8 月。

54. 无花果

【药材名】

无花果（Wu hua guo）

无花果根（Wu hua guo gen）

无花果叶（Wu hua guo ye）

【药用植物名】

无花果　*Ficus carica* Linn.

【别名】

映日果、蜜果、文仙果、奶浆果、品仙果等。

【产地与分布】

全国南北各地区均有栽培，新疆南部尤其多。

【功效主治】

味甘，性平。

无花果根：具有舒经活络、消肿散结、清热通乳的功效。主治筋骨疼痛、痔、瘰疬（老鼠疮）。

无花果叶：具有解毒消肿、行气止痛的功效。主治痔疮、肿痛、心痛。

无花果：具有健胃清肠、消肿解毒的功效。主治肠炎、痢疾、便秘、痔疮、喉痛、痈疮疥癣。新鲜幼果及鲜叶治痔疗效良好。

【活性成分】

无花果含枸橼酸、延胡素酸、琥珀酸、丙二酸、脯氨酸等。

【药用部位及采收加工】

无花果为无花果花的花托，于秋季采收，

采下后反复晒干。本品易霉蛀，须储藏干燥处或石灰缸内。无花果根秋后采收。无花果叶夏、秋采收，晒干或鲜用。

【植物特征】

落叶灌木或小乔木，具有乳汁。树皮灰褐色，皮孔明显；分枝较多，小枝粗壮，有稀疏短毛，表面褐色。叶互生，厚纸质，为倒卵形，通常 3 ~ 5 裂，有不规则小齿，掌状叶脉，叶片上面粗糙，深绿色，下面有毛，厚革质。隐头花序，花托单生于叶腋间，梨形，顶部下陷，未成熟时带绿色或褐青色，成熟时为紫红色或黄色,肉质而厚。花果期 5 ~ 7 月。

55. 苎麻

【药材名】

苎麻根（Zhu ma gen）

苎麻叶（Zhu ma ye）

【药用植物名】

苎麻　*Boehmeria nivea* (L.) Gaudich.

【别名】

野麻、白麻、家麻等。

【产地与分布】

分布于全国大部分地区。生于草坡或山谷林边或栽培，海拔 200 ~ 1 700 m 处。

【功效主治】

根：味甘，性寒。具有清热利尿、凉血安胎的功效。主治尿路感染、肾炎水肿、感冒发热、麻疹高烧、孕妇腹痛、胎动不安、先兆流产；外用治跌打损伤、骨折、疮疡肿毒。

叶：味甘，性寒。具有止血、解毒的功效。主治咯血，吐血，血淋，尿血，月经过多等，外用治创伤出血，虫、蛇咬伤。

【活性成分】

黄酮、酚类、三萜、大黄素、氢氰酸等。

【药用部位及采收加工】

冬季初挖取根，秋季采摘叶，洗净、切碎鲜用或晒干。

【植物特征】

灌木，高 0.5 ~ 1.5 m。茎的上部和叶柄都有开展的长硬毛或近开展和贴伏的短糙毛。叶互生，草质，一般为宽卵形或圆卵形，少数卵形，顶端骤尖，基部宽楔形或近截形，边缘在基部的上面有齿，上面略粗糙，下面密被有雪白色毡毛。圆锥花序腋生，雄花花被片 4，狭椭圆形，合生至中部，顶端急尖，外面被有疏柔毛。雌花花被椭圆形，外面有

短柔毛，果期菱状倒披针形。瘦果近球形，表面光滑，基部突缩成细柄。花期 5 ~ 6 月，果期 9 ~ 10 月。

56. 葎草

【药材名】
　　葎草（Lü cao）

【药用植物名】
　　葎草　*Humulus scandens* (Lour). Merr.

【别名】
　　拉拉秧、割人藤、五爪龙、勒草、拉拉藤、葛葎蔓、葛勒蔓、黑草等。

【产地与分布】
　　全国大部分地区均有分布。多生于旷野和路边，耐寒、抗旱，喜温暖湿润气候。

【功效主治】
　　味甘、苦，性寒。具有清热解毒，利尿消肿的功效。主治肺结核潮热，胃肠炎，痢疾，感冒发热，小便不利，肾盂肾炎，急性肾炎，膀胱炎，泌尿系结石，淋病，疟疾，肺脓病；外治痈疖肿毒，湿疹，毒蛇咬伤，癞疮，痔疮，瘰疬等。

【活性成分】
　　木犀草素、葡萄糖苷、胆碱及天门冬酰胺。

【药用部位及采收加工】
　　夏、秋两季采收全草，切段晒干后备用。

【植物特征】
　　缠绕草本，有倒钩型的小刺，通常群生。茎有纵棱，叶对生，上部互生，呈肾状五角形，掌状 5 深裂，先端较尖，基部为心形，边缘有粗齿。花单性，雌雄异株，花序腋生；雄花花序淡黄绿色，圆锥状；雌花 10 余朵聚集成短穗状花序，且每 2 朵雌花有 1 白毛刺苞片。果穗为绿色，先端长而尾端尖。瘦果呈扁圆形，淡黄色。花期 7 ~ 8 月，果期 8 ~ 9 月。

57. 枳椇

【药材名】
　　枳椇（Zhi ju）（果实与种子）
　　枳椇子（Zhi ju zi）（种子）

【药用植物名】
　　枳椇　*Hovenia acerba* Lindl.

【别名】
　　拐枣、鸡爪子枸、万字果、鸡爪树、金果梨、枸。

【产地与分布】

产于甘肃、陕西、河南、安徽、江苏、浙江、江西、福建、广东、广西、湖南、湖北、四川、云南、贵州等省区。一般生于海拔 2 100 m 以下的开阔地、山坡林缘或疏林中；园林庭院内也常有栽培。

【功效主治】

果实味甘、酸，性平，常被制成"拐枣酒"，可治风湿。其树皮可活血，舒筋解毒。果梗健胃补血。种子具有解酒毒，止渴除烦，利大小便之功效。主治醉酒、烦渴、呕吐、二便不利。

【活性成分】

果实含多量葡萄糖、苹果酸钙。

【药用部位及采收加工】

树皮全年均可采收；果实成熟时采收，将果实连果柄一并摘下，晒干。或碾碎果壳，筛出种子，晒干。

【植物特征】

落叶阔叶乔木，高可达 10 m。小枝红褐色或黑褐色，有明显白色皮孔。单叶互生，厚革质，广卵形，先端尖或长尖，基部圆形或心脏形，边缘锯齿状，基出 3 主脉，淡红色；叶柄具有锈色细毛。聚伞花序腋生或顶生；花杂性，绿色，花梗长；萼片近卵状三角形；花瓣 5，倒卵形。果实为圆形或广椭圆形，灰褐色；果梗肉质，红褐色，无毛，成熟后味甘，可食。种子扁圆，紫褐色或黑紫色。花期 5 ～ 7 月，果期 8 ～ 10 月。

58. 枣

【药材名】

大枣（Da zao）

枣树根（Zao shu gen）

枣树皮（Zao shu pi）

枣核（Zao he）

【药用植物名】

枣　*Ziziphus jujuba* Mill.

【别名】

大枣、美枣、良枣、干枣、红枣。

【产地与分布】

南方大部分省区均有分布。生长于海拔 1 700 m 以下的山区、丘陵或平原。

【功效主治】

枣肉：味甘，性温。具有补脾和胃，益气生津，调营卫，解药毒的功效。主治胃虚

食少，脾弱便溏，营卫不和，气血津液不足，心悸怔忡，妇人脏躁。

枣树根：具有行气，活血，调经的功效。主治月经不调、红崩、白带。

枣树皮：具有消炎、止血、止泻的功效。主治痢疾、肠炎、慢性气管炎、目昏不明、烧烫伤、外伤出血。

枣核：具有清热解毒、敛疮的功效。主治胫疮、急性牙疳。

【活性成分】

果实含生物碱，如光千金藤碱、N-去甲基荷叶碱、巴婆碱等；还含有三萜酸类、糖类、脂肪酸等。

【药用部位及采收加工】

枣树皮：全年可收，以春季采收最佳。将老皮刮下，晒干即可。

枣树根：随时可采，洗净，晒干。

果实：待秋季果实成熟时采收。除去杂质，晒干，或烘至皮软，再行晒干。又或先用水煮，待皮未皱缩时捞起，晒干。

枣核：加工枣肉食品时，收集枣核。

【植物特征】

落叶小乔木，稀为灌木。枝平滑无毛，有成对的针刺，直伸或钩曲，幼枝纤弱簇生，似羽状复叶，成"之"字形曲折。单叶互生，纸质，先端短尖，基部略有不对称，近圆形，边缘有圆齿状锯齿，上表面深绿色，无毛，下表面浅绿色，无毛或仅沿脉被有疏微毛，基生三出脉；侧脉明显。短聚伞花序，丛生于叶腋，花小，黄绿色；萼5裂，上部呈花瓣状，下部连成筒状，绿色。核果成熟时深红色，果肉味甜，核两端锐尖。花期5～7月，果期7～9月。

59. 乌蔹莓

【药材名】

乌蔹莓（Wu lian mei）

【药用植物名】

乌蔹莓 *Cayratia japonica* (Thunb.) Gagnep.

【别名】

老鸦藤、五爪龙、地五加、止血藤、地老鼠。

【产地与分布】

分布于华东、中南及西南各地。生长于旷野、山谷、林下。

【功效主治】

味酸、苦，性寒。全草入药，具有凉血解毒、利尿消肿的功效。主治痈肿，疔疮，风湿痛，黄疸，痢疾，疰腮，丹毒，尿血，

白浊。

【活性成分】

全草含挥发油，内有：樟脑、香桧烯、β-波旁烯、别香橙烯等，全草还含阿拉伯聚糖、黏液质、甾醇、氨基酸、酚性成分、黄酮类。根含生物碱、鞣质、淀粉、树胶。

【药用部位及采收加工】

夏、秋季割取藤茎或挖出根部，除去杂

质，洗净，切段，晒干或鲜用。

【植物特征】

多年生草质藤本。茎紫绿色，有纵棱，具卷须，幼枝有柔毛，后变光滑。叶为掌状复叶，具5枚小叶，排列成鸟爪状，中间小叶椭圆状卵形。花序腋生，复二歧聚伞花序，花小，黄绿色，花瓣4，具短梗；萼杯状，卵状三角形，与花瓣对生。浆果倒圆卵形，成熟时呈黑色。种子2～4粒。花期3～8月，果期8～11月。

60. 柚

【药材名】

柚（You）

【药用植物名】

柚　*Citrus maxima* (Burm.) Merr.

【别名】

文旦。

【产地与分布】

分布于长江以南各地，最北限见于河南省信阳及南阳一带，均为栽培。

【功效主治】

味甘、酸，性寒。具有消食，化痰，醒酒之功效。主治饮食积滞，食欲不振，痰多咳嗽，醉酒现代研究，柚尚有美容护肤，减肥瘦身，解酒，降血糖等功效，对糖尿病、血管硬化等疾病有辅助治疗作用，对肥胖者有健体养颜的功能。

【活性成分】

柚皮苷、枳属苷、新橙皮苷、胡萝卜素、维生素、糖类及挥发油等。

【药用部位及采收加工】

9～12月份采收，获得果实，可将剥落的果皮晒干。

【植物特征】

乔木。全树多处被柔毛，嫩枝扁且有棱。叶质颇厚，色浓绿，阔卵形或椭圆形，嫩叶常呈暗紫红色。总状花序，兼有腋生单花；

花蕾淡紫红色，稀乳白色；花萼呈不规则浅裂。果近圆形，梨形或阔圆锥状，淡黄或黄绿色，果皮甚厚或薄，海绵质，油胞大，凸起，果心实但松软，种子多，亦有无子的，形状不规则，常近似长方形，上部质薄且常截平，下部饱满，多兼有发育不全的，有明显纵肋棱。花期 4 ~ 5 月，果期 9 ~ 12 月。

61. 柑橘

【药材名】

陈皮（Chen pi）

橘肉（Ju rou）

橘核（Ju he）

橘络（Ju luo）

【药用植物名】

橘　*Citrus reticulate* Blanco

【别名】

桔子。

【产地与分布】

主要分布于浙江台州、福建、江西、湖南、湖北、重庆、四川、广西、广东和台湾，其次是上海、江苏、贵州、云南等省（市），安徽、河南、陕西、甘肃和海南等省也有种植。广泛栽培，小部分野生。

【功效主治】

橘肉：味甘，性平。具有开胃，止渴，润肺，止咳，化痰之功效。能够补充维生素 C，降血脂、抗动脉粥样硬化、预防心血管疾病。

橘皮：入药称为“陈皮”，味苦、辛，性温。具有理气健脾、燥湿化痰的功效。用于胸脘胀满，食少吐泻，咳嗽痰多。

橘核：味苦，性平。具有理气，散结，止痛的功效。临床常用来治疗睾丸肿痛，乳腺炎性肿痛。

橘络：味甘、苦，性平。具有通络，理

气，化痰的功效。主治经络气滞，久咳胸痛，痰中带血，伤酒口渴。

【活性成分】

果实含橙皮苷、柚皮芸香苷、多种糖类、苹果酸及柚皮素等。

【药用部位及采收加工】

秋冬时采摘成熟果实，剥取果皮，晒干或低温干燥，即为陈皮；果实成熟后收集种子，洗净，晒干，即为橘核；果实成熟时将橘皮剥下，自皮内或橘瓤外表撕下白色筋络，晒干或微火烘干，即为橘络。

【植物特征】

小乔木。分枝多，枝扩展或略下垂，刺较少。单身复叶，翼叶通常狭窄，或仅有痕迹，叶片披针形,椭圆形或阔卵形,大小变异较大,顶端常有凹口,中脉由基部至凹口附近成叉状分枝。花单生或 2 ~ 3 朵簇生;花柱细长,柱头头状。果形通常扁圆形至近圆球形,果皮淡黄色,朱红色或深红色,甚易或稍易剥离,橘络甚多或较少,呈网状,易分离,通常柔嫩;果肉酸或甜,或有苦味,或另有特异气味;种子或多或少数,稀无籽,通常卵形,顶部狭尖,基部浑圆。花期 4 ~ 5 月,果期 10 ~ 12 月。

62. 楝

【药材名】

　　苦楝皮（Ku lian pi）

　　苦楝子（Ku lian zi）

【药用植物名】

　　楝　*Melia azedarach* L.

【别名】

　　苦楝、楝树、紫花树、森树。

【产地与分布】

　　主要分布于我国黄河以南各省区。生于海拔较低处的旷野、路旁或树林中,园林庭院也常见栽培。

【功效主治】

　　苦楝皮味苦,性寒,有毒。具有驱虫、疗癣的功效。主治蛔蛲虫病,虫积腹痛;外治疥癣瘙痒。

　　苦楝子味苦,性寒,有小毒。具有行气止痛,杀虫的功效。主治腹肋疼痛,疝痛,虫积腹痛;外治头癣、冻疮等。

【活性成分】

　　苦楝含有多种苦味的三萜类成分。苦楝皮中主要的苦味成分为苦楝素,此外还有其他苦味成分如苦楝酮、苦内酯等。果实中的苦味成分有苦楝酮、苦楝醇等,种子含多种脂肪酸。

【药用部位及采收加工】

　　苦楝皮:四季皆可采收,但以春末夏初

最佳。剥取根皮或干皮,洗净晒干。

　　苦楝子:果实变黄略有皱纹时采集,采收后,将其放入缸中,清水浸泡,淘洗出核果,晒后贮藏,贮藏期间每隔 10 至 15 天翻动一次,以免种子发霉。

【植物特征】

　　落叶乔木,树皮灰褐色,纵裂。分枝向四周舒展,小枝有叶痕。奇数羽状复叶,小叶对生,椭圆形、卵形至披针形,顶生一片常常略大,先端短渐尖,基部楔形,边缘有钝锯齿,幼时被星状毛,后两面均无毛。圆锥花序,花瓣淡紫色,倒卵状匙形,两面均被微柔毛,通常外面较密,花芳香。核果球形至椭圆形,内果皮木质,4 ~ 5 室,每室有种子 1 颗;种子椭圆形。花期 4 ~ 5 月,果期 10 ~ 12 月。

【注意事项】

　　本品有毒,使用需遵医嘱。体弱及肝肾功能障碍者、孕妇、脾胃虚寒者均慎服。亦不宜持续或过量服用。

63. 茴香

【药材名】

　　小茴香（Xiao hui xiang）

【药用植物名】

　　茴香　*Foeniculum vulgare* Mill.

【别名】

　　小茴香、谷茴香、谷香。

【产地与分布】

　　全国各地均有栽培。主产于山西、甘肃、辽宁、内蒙古等地，吉林、河北、陕西、四川、广西等地亦产。

【功效主治】

　　味辛，性温。具有散寒止痛，和胃理气的功效。主治寒疝、小腹冷痛、胃痛、呕吐、肾虚腰痛与干、湿脚气。

【活性成分】

　　含挥发油，主要为茴香醚、α-茴香酮、茴香醛、甲基胡椒酚、γ-松油烯、α-松油烯、异松油烯等。

【药用部位及采收加工】

　　9～10月果实成熟时，割取全株，晒干后，打下果实，去净杂质，晒干。

【植物特征】

　　多年生草本，有强烈香气。茎直立，灰绿色或苍白色，表面有细纵纹。茎生叶互生，近基部呈鞘状，宽大抱茎，边缘有膜质波状狭翅；叶片3～4回羽状分裂。复伞形花序顶生或侧生，每一小伞形花序有花5～30朵，花小；花瓣5，金黄色，中部以上向内卷曲，先端微凹，不具总苞和小总苞。双悬果，卵状长圆形，果皮黄绿色，顶端残留黄褐色柱基，分果椭圆形，有5条隆起的纵棱，每个棱槽内有一个油管。花期6～9月，果期10月。

64. 木犀

【药材名】

桂花（Gui hua）

【药用植物名】

木犀 *Osmanthus fragrans* (Thunb.) Lour.

【别名】

木犀花、九里香、银桂、岩桂。

【产地与分布】

原产我国西南部。现各地广泛栽培。

【功效主治】

味辛，性温。具有温肺化饮，祛寒止痛的功效。主治痰饮咳喘、牙痛、口臭、脘腹冷痛，经闭痛经、寒疝腹痛、肠风血痢。

【活性成分】

花含芳香物质，如 γ- 癸酸内酯、α- 紫罗兰酮、β- 紫罗兰酮、芳樟醇、壬醛以及 β- 水芹烯、橙花醇等。

【药用部位及采收加工】

9～10 月开花时采收，去尽杂质，阴干，密闭保存。

【植物特征】

常绿乔木或灌木。树皮灰褐色。叶片革质，椭圆形、长椭圆形或椭圆状披针形，先端渐尖，基部渐狭，通常上半部具细锯齿，两面无毛，腺点在两面连成小水泡状突起。

聚伞花序簇生于叶腋，每腋内有花多朵；花冠黄白色、淡黄色、黄色或橘红色；花梗细弱，无毛；花极芳香；花萼长约 1 mm，裂片稍不整齐。核果歪斜，椭圆形，呈紫黑色。花期9～10 月上旬，果期翌年 3 月。

65. 女贞

【药材名】

女贞子（Nü zhen zi）

【药用植物名】

女贞 *Ligustrum lucidum* Ait.

【别名】

青蜡树、大叶蜡树、白蜡树、蜡树、将军树。

【产地与分布】

分布于陕西、甘肃以及长江以南至华南、西南的各省区，常生长于在海拔 2 900 m 以下的疏、密林中，也多见栽培于庭院、道路旁。

【功效主治】

果实成熟后晒干，为中药女贞子，味甘、苦，性凉。具有滋阴补肾、明目乌发的功效。主治晕眩耳鸣、腰膝酸软、目暗不明、须发早白、心烦盗汗、月经不调等。

【活性成分】

女贞子苷、洋橄榄苦苷、齐墩果酸等。

【药用部位及采收加工】

秋、冬季果实成熟后采收，除去梗、叶等杂质，置于沸水中略烫后，干燥；或直接干燥。

【植物特征】

常绿灌木或乔木，高可达 25 m。树皮灰褐色，枝黄褐色、灰色或紫红色，光滑，圆柱形，疏生圆形或长圆形皮孔。单叶对生，叶片革质，卵形，叶柄具沟。圆锥花序顶生，花无梗或近无梗，花萼无毛，花药长圆形。果肾形或近肾形，深蓝黑色，成熟时呈红黑色，被白粉。花期 5 ~ 7 月，果期 7 月至翌年 5 月。

66. 茉莉花

【药材名】

茉莉花（Mo li hua）

茉莉根（Mo li gen）

【药用植物名】

茉莉花　*Jasminum sambac* (L.) Ait.

【别名】

茉莉、香魂、莫利花。

【产地与分布】

多栽培于湿润肥沃土壤中。分布于江苏、浙江、台湾、广东、四川、云南等地。

【功效主治】

茉莉花味辛、微甘，性温。可开郁，辟秽，理气，和中。常用于治下痢腹痛，结膜炎，疮毒。

茉莉根味苦，性热。具麻醉，镇痛之功效。用于跌打损伤及龋齿疼痛，亦治头痛，失眠。

【活性成分】

茉莉花含挥发油，主要成分为苯甲醇及其酯类、茉莉花素、芳樟醇等。

茉莉根含生物碱、甾醇等。

【药用部位及采收加工】

茉莉花：7月前后花初开时，于晴天采收，晒干，储藏在干燥处。

茉莉根：秋、冬季采挖根部，洗净，切片，鲜用或晒干。

【植物特征】

直立或攀缘灌木，高常 1.5 ~ 2 m。小枝圆柱形或稍压扁状，有时中空，疏被柔毛。叶对生，单叶，叶片纸质，圆形、椭圆形或倒卵形，两端圆钝，基部有时微心形；叶柄被短柔毛，具关节。聚伞花序顶生，通常有花3朵，花冠白色，裂片长圆形至近圆形，先端圆或钝；花萼无毛或疏被短柔毛，裂片线形；花极芳香。果球形，呈紫黑色。花期5 ~ 8月，果期7 ~ 9月。

67. 络石

【药材名】

络石藤（Luo shi teng）

【药用植物名】

络石 *Trachelospermum jasminoides* (Lindl.)Lem.

【别名】

爬墙虎、感冒藤、石龙藤。

【产地与分布】

广泛地分布于我国东部和南部，主产于山东、江西、安徽、湖北、江苏、浙江等地区。大多附生在岩石墙壁上或其他植物上。

【功效主治】

味苦，性微寒。具有祛风通络，凉血消肿的功效。主治风湿热痹，筋脉拘挛，腰膝酸痛，喉痹，痈肿，跌仆损伤；外用于创伤出血。

【活性成分】

茎含牛蒡苷、络石糖苷、橡胶肌醇、β-谷甾醇葡萄糖苷、加拿大麻糖等；茎叶含生物碱。

【药用部位及采收加工】

冬季至次年春季采割带叶藤茎，除去杂质，鲜用或晒干。

【植物特征】

常绿木质藤本，长可达 10 m，具乳汁。茎赤褐色，圆柱形，有皮孔；小枝被黄色柔毛，老时渐无毛。叶对生，革质或近革质，椭圆形至卵状椭圆形或宽倒卵形，顶端锐尖至渐尖或钝，有时微凹或有小凸尖，基部渐狭至钝，叶面无毛，叶背被疏短柔毛。二歧聚伞花序腋生或顶生，花多朵组成圆锥状；花白色，芳香；蓇葖果双生，叉开，无毛，线状披针形，向先端渐尖。种子多数，褐色，线形，顶端具白色绢质种毛。花期 3～7 月，果期 7～12 月。

68. 夹竹桃

【药材名】

夹竹桃（Jia zhu tao）

【药用植物名】

夹竹桃 *Nerium indicum* Mill.

【别名】

红花夹竹桃、柳叶桃树、洋桃、叫出冬、柳叶树、洋桃梅。

【产地与分布】

全国各地皆有栽培，以南方地区为多，常栽培于道路旁、河旁、湖旁或公园、风景区周围。

【功效主治】

味苦，性寒，有大毒。具有强心利尿，祛痰定喘，镇痛，祛瘀的功效。主治心脏病心力衰竭，咳喘，癫痫，跌打损伤、肿痛等。

【活性成分】

叶含强心成分，主要为欧夹竹桃苷丙、欧夹竹桃苷甲、欧夹竹桃苷乙，去乙酰欧夹竹桃苷丙等。树皮含夹竹桃苷 A、B、D、F、G、H、K 等，系洋地黄毒苷元和乌他苷元的

各种糖苷。

【药用部位及采收加工】

可全年采收叶或树皮，晒干或鲜用。

【植物特征】

常绿直立灌木，高可达 5 m。全株内含水液，枝条灰绿色，外被微毛，老时脱落；叶轮生，下枝为对生，叶片卵状披针形，叶柄扁平，叶片深绿色且无毛，幼嫩的叶片被有疏微毛；聚伞花序顶生，花数朵；花萼红色，5 深裂；花芳香，花冠深红色或粉红色，花冠筒圆筒形，向上扩大呈钟形。果实为长蓇葖果，2 枚，长圆形。花期几乎全年，夏天和秋天花开最盛；果期一般在冬、春季，栽培的几乎不结果。

【注意事项】

本品有大毒，不可过量，必须在医师指导下使用，孕妇忌服。

69. 栀子

【药材名】

栀子（Zhi zi）

栀子花根（Zhi zi hua gen）

【药用植物名】

栀子　*Gardenia jasminoides* Ellis

【别名】

野桂花、白蟾花、雀舌花。

【产地与分布】

主要分布于山东、江苏、安徽、浙江、江西、福建、台湾、湖北、湖南、广东、香港、广西、海南、四川、贵州和云南等地，在河北、陕西和甘肃也有种植。生于海拔 1 500 m 以下的丘陵、山坡、山谷、旷野、溪边的树林中或灌丛中。

【功效主治】

味苦，性寒。

果实：具有泻火除烦，清热利尿，凉血解毒的功效。主治热病心烦，黄疸尿赤，血淋涩痛，血热吐衄，目赤肿痛，火毒疮疡；外治扭挫伤痛。

根：具有泻火解毒，清热利湿，凉血散瘀的功效。主治传染性肝炎，跌打损伤，风火牙痛。

【活性成分】

　　果实含环烯醚萜类成分；果皮及种子中含栀子苷、都桷子苷、都桷子苷酸、都桷子素龙胆双糖苷；花含三萜成分；根茎含 D- 甘露醇、齐墩果酸、豆甾醇。

【药用部位及采收加工】

　　9 ~ 11 月果实成熟呈红黄色时采收，除去果梗和杂质，蒸至上气或置沸水中略烫，取出，干燥。根夏秋采挖，洗净晒干。

【植物特征】

　　灌木，高可以达 3 m。叶对生，大部分为革质，少数为纸质，一般呈长圆状披针形、倒卵形、椭圆形或倒卵状长圆形。花芳香，生于枝顶或叶腋，通常为单朵，花冠高脚碟状，乳黄色或白色；果实椭圆形、近球形、长圆形或卵形，橙红色或者黄色；种子扁卵圆形，数量多且聚集成团，红黄色或深红色，表面具有细小疣状突起。花期 3 ~ 7 月，果期 5 月至翌年 2 月。

70. 接骨草

【药材名】

　　接骨草（Jie gu cao）

【药用植物名】

　　陆英 *Sambucus chinensis* Lindl.

【别名】

　　蒴藋，排风藤。

【产地与分布】

　　分布于陕西、甘肃、江苏、安徽、浙江、江西、福建、台湾、河南、湖北、湖南、广东、广西、四川、贵州、云南、西藏等省区。生长在海拔为 300 ~ 2 600 m 的山坡、水沟边、林下和草丛中，也常有栽种。

【功效主治】

　　味甘、苦，性平。具有祛风利湿，活血止血的功效。主治风湿痹痛，痛风，大骨节病，急慢性肾炎，风疹，跌打损伤，骨折肿痛，外伤出血。

【活性成分】

　　黄酮类、酚性成分、糖类、鞣质。

【药用部位及采收加工】

　　以根、茎及叶入药。全年可采，洗净切碎，晒干或鲜用。

【植物特征】

高大草本或半灌木，高可达 1 ~ 2 m。茎有棱条。奇数羽状复叶，托叶小，线形或呈腺状突起；小叶 2 ~ 3 对，对生或互生，顶生小叶倒卵形或卵形，基部楔形，有时和第一对小叶连接，小叶无托叶，基部一对小叶有时候具有短柄。复伞形花序顶生，大而疏散，总花梗基部托以叶状总苞片，分枝 3 ~ 5 出，纤细，被黄色疏柔毛；花冠呈白色，只有基部联合。浆果呈红色，卵形，表面具小疣状突起。花期 4 ~ 5 月，果期 8 ~ 9 月。

71. 辣椒

【药材名】

辣椒（La jiao）

【药用植物名】

辣椒 *Capsicum annuum* L.

【别名】

番椒、辣茄、辣虎、腊茄、海椒、辣角、鸡嘴椒、红海椒、辣子、牛角椒、大椒、七姐妹、班椒。

【产地与分布】

我国大部分地区均有栽培。

【功效主治】

味辛，性热。具有温中散寒，开胃消食的功效。用于寒滞腹痛，胃肠胀气，消化不良，呕吐，泻痢；外用治冻疮、疥癣。

【活性成分】

辣椒所含辛辣成分主要为生物碱类，如辣椒碱、二氢辣椒碱、高辣椒碱等；色素为隐黄素、辣椒红素、胡萝卜素等；尚含维生素 C、柠檬酸、苹果酸等。

【药用部位及采收加工】

青椒一般以果实充分肥大，皮色转浓，果皮坚硬而有光泽时采收；干椒可待果实成熟时一次性采收，干燥。干椒可加工成干制品。

【植物特征】

一年生或多年生草本。茎部近无毛或微生柔毛，分枝为稍"之"字形折曲。叶互生，枝顶端节不伸长而成双生或簇生状。花单生，俯垂；花萼杯状；花冠白色，裂片卵形；花药为灰紫色。果梗较粗壮，俯垂；浆果长指状，顶端渐尖且常常弯曲，未成熟时为绿色，成熟后成红色、橙色或紫红色，味辣。种子多数，淡黄色，扁肾形。花果期为 5 ~ 11 月。

【注意事项】

胃及十二指肠溃疡，急性胃炎，肺结核以及痔疮或眼部疾患者忌用。

72. 龙葵

【药材名】

龙葵（Long kui）

【药用植物名】

龙葵　*Solanum nigrum* L.

【别名】

黑星星、野海椒、石海椒、野伞子。

【产地与分布】

全国各地有分布。生于田边、荒地、村旁、溪边、林缘等地。

【功效主治】

味苦，性寒。具有清热解毒，利水消肿，活血的功效。主治疮痈肿毒、皮肤湿疹、小便不利、慢性气管炎、白带过多。

【活性成分】

龙葵碱、澳茄胺、龙葵定碱、皂苷、维生素 C 等。

【药用部位及采收加工】

夏、秋季采收全草，洗去泥土和杂质，鲜用或晒干。

【植物特征】

一年生草本，高 25 ～ 100 cm。根部圆锥状，木质化。茎部无棱或者棱不明显，绿色或紫色。叶互生，卵形或近菱形，先端短尖，基部楔形下延至叶柄，全缘或波状齿，被稀疏短柔毛。聚伞花序腋生，蝎尾状，有花 4 ～ 10 朵，下垂；花萼杯状，5 浅裂；花冠为白色辐状，5 深裂。浆果黑色球形；种子多数，扁圆形。花期 6 ～ 10 月，果期 7 ～ 11 月。

73. 茄

【药材名】

茄（Qie）

茄蒂（Qie di）

茄叶（Qie ye）

茄花（Qie hua）

【药用植物名】

茄　*Solanum melongena* L.

【别名】

东风草、落苏、矮瓜、吊菜子、昆仑瓜。

【产地与分布】

全国各省区均有栽培。

【功效主治】

茄叶：具有凉血止血，散瘀，消肿的功效。主治血淋，血痢，肠风下血，痈肿，冻伤。

茄花：具有泻火，止痛的功效。主治牙痛，金疮。

茄（果实）：味甘、性凉。具有清热解毒，活血，止痛，消肿的功效。主治肠风下血，热毒疮痈，皮肤溃疡，跌打损伤，尿血，吐血，便血，疔肿。

茄蒂：具有清热解毒，除湿止痢的功效。主治肠风下血，痈疽肿毒，口疮，牙痛。

【活性成分】

全植物含葫芦巴碱、胆碱、腺嘌呤、咪唑乙胺、澳洲茄胺、龙葵碱、咖啡酸等。

【药用部位及采收加工】

茄（果实）于夏、秋果实成熟时采收；茄蒂于夏、秋季采收，鲜用或晒干；茄叶于夏季采收，鲜用或晒干；茄花于夏、秋季采收，晒干。

【植物特征】

一年生草本或亚灌木。茎直立且粗壮，基部木质化，上部分枝，紫色或绿色，无刺或有疏刺，通体被星状柔毛。单叶互生，叶片卵状椭圆形，先端钝尖，基部常歪斜，叶缘常为波状浅裂，表面为深绿色，两面具有星状柔毛。聚伞花序侧生，仅含花数朵；花萼钟形，顶端5裂，裂片披针形，具星状柔毛；花冠紫蓝色，裂片长卵形，开展，外具细毛；花药黄色。浆果长椭圆形、球形或长柱形，深紫色、淡绿色或黄白色，光滑，基部有宿存萼。花期6～8月，花后结果。

74. 枸杞

【药材名】

枸杞子（Gou qi zi）

【药用植物名】

枸杞 *Lycium chinense* Mill.

【别名】

枸杞菜、红珠仔刺、牛吉力、狗牙子、狗奶子。

【产地与分布】

主要分布于我国东北、河北、山西、陕西、

甘肃南部以及西南、华中、华南和华东各省区。常生于山坡、荒地、丘陵地、盐碱地、水渠、村宅路旁。除野生外，各地也有作药用、蔬菜或绿化栽培。

【功效主治】

味甘，性平。具有滋补肝肾，益精明目的功效。主治肝肾阴亏，腰膝酸软，头晕目眩，目昏多泪，虚劳咳嗽，消渴，遗精。临床上也用于降血糖、抗脂肪肝、降压的辅助治疗。

【活性成分】

胡萝卜素、硫胺素、核黄素、烟酸、抗坏血酸等，另含具促进免疫作用的多糖类成分。

【药用部位及采收加工】

6～11月果实陆续成熟呈橙红色时，分批采收，放阴凉处晾至皮皱，然后曝晒至果皮干硬，果肉柔软时除去果梗，再晒干。

【植物特征】

多分枝落叶灌木，高 0.5～1 m。枝条细弱，弓状弯曲或俯垂，淡灰色，有纵条纹，通常具有短棘。叶纸质，长椭圆形、卵状披针形、卵形、卵状菱形，顶端急尖，基部楔形，全缘。花在长枝上单生或双生于叶腋，在短枝上则同叶簇生，花梗向顶端渐增粗。浆果橘红色或红色，卵状，顶端尖或钝，果皮肉质。种子多数，黄色，扁肾脏形。花果期为6～11月。

75. 阿拉伯婆婆纳

【药材名】

肾子草（Shen zi cao）

【药用植物名】

阿拉伯婆婆纳　*Veronica persica* Poir.

【别名】

波斯婆婆纳、灯笼草。

【产地与分布】

分布于华东、华中及新疆、贵州、云南、西藏东部。生于路边及荒野杂草中。

【功效主治】

味辛、苦、咸，性平。具有祛风除湿，壮腰，截疟的功效。主治风湿痹痛，肾虚腰痛，久疟，疥疮。

【活性成分】

桃叶珊瑚苷、梓醇、婆婆纳苷等。

【药用部位及采收加工】

夏季采收全草，鲜用或晒干。

【植物特征】

两年生草本。茎铺散多分枝，密生两列多细胞柔毛。叶 2～4 对，具短柄，卵形或圆形，基部浅心形，平截或浑圆，边缘具钝齿，两面疏生柔毛。总状花序很长；苞片互生，与叶同形且几乎等大；花梗长于苞片；花萼 4 裂，裂片呈卵状披针形，有睫毛，三出脉；花冠蓝色、紫色或蓝紫色，裂片卵形至圆形，喉部疏被毛；雄蕊 2，短于花冠。蒴果肾形，被有腺毛，成熟后几乎无毛，网脉明显，凹口角度超过 90 度，裂片钝，宿存的花柱长约 2.5 mm，超出凹口。种子背面具深横纹。花期 3～5 月。

76. 凌霄

【药材名】

凌霄花（Ling xiao hua）

【药用植物名】

凌霄 *Campsis grandiflora* (Thunb.) Schum.

【别名】

紫葳花、武威、上树蜈蚣花、紫葳、五爪龙、上树龙、陵居腹、鬼目、陵苕、藤萝草、吊墙花、瞿陵。

【产地与分布】

全国南北各地都有分布。主产于江苏、浙江等地。生长于山谷、河流边、疏林下，攀附于树上或是石壁上，亦有在庭园栽培的。

【功效主治】

味甘、酸，性寒。具有凉血，化瘀，祛风的功效。主治月经不调，经闭癥瘕，产后乳肿，风疹发红，皮肤瘙痒，痤疮。

【活性成分】

含芹菜素、β- 谷甾醇等。

【药用部位及采收加工】

7～9 月采收，择晴天摘下刚开放的花朵，晒干或低温干燥。

【植物特征】

攀缘藤本，茎木质，表皮易脱落，枯褐色，以气生根攀附于其他物之上。叶对生，为奇数羽状复叶；小叶卵形至卵状披针形，两侧不等大，两面无毛，叶的边缘有粗锯齿。圆锥花序顶生，花大；花萼钟状，分裂至中部，裂片为披针形；花冠内面鲜红色，外面橙黄色，裂片半圆形。雄蕊着生于花冠筒近基部，花丝线形，细长，花药黄色，个字形着生。花柱线形，柱头扁平。蒴果长如豆荚，顶端钝；种子多数，扁平。花期5～8月。

77. 爵床

【药材名】

爵床（Jue chuang）

【药用植物名】

爵床 *Rostellularia procumbens* (L.) Nees

【别名】

爵卿、香苏、赤眼老母草。

【产地与分布】

产地为秦岭以南，东至江苏、台湾，南至广东，西南至云南、西藏。生于山坡和林间的草地里和道路两旁的荫蔽湿地处。

【功效主治】

味微苦，性寒。具有清热解毒，利尿消肿，活血止痛，截疟的功效。主治咽喉肿痛，小儿疳积，痢疾，肠炎，感冒发热，疟疾，肾炎水肿，泌尿系感染乳糜尿；外用治跌打损伤和痈疮疖肿。近年临床多用于治疗小儿厌食症，女性尿路感染以及顽固性久泻。

【活性成分】

全草含生物碱。

【药用部位及采收加工】

8～9月盛花期采收，割取其地上部分，

除去淤泥和其他杂质，鲜用或晒干。

【植物特征】

一年生草本。茎柔弱，基部呈匍匐状，茎方形，被灰白色细柔毛。叶对生，叶面卵形或长椭圆形，先端锐尖或钝形，基部宽楔形或近圆形，两面常被短硬毛。穗状花序顶生或生上部叶腋，圆柱形，密生多簇小花；花萼裂为4片，线形，约与苞片等长，有膜质边缘和缘毛，花冠粉红色，二唇形，下唇3浅裂。蒴果长约5 mm，上部具4粒种子，下部实心似柄状；种子表面有瘤状的皱纹。花期8～11月，果期10～11月。

78. 马鞭草

【药材名】

马鞭草（Ma bian cao）

【药用植物名】

马鞭草 *Verbena officinalis* L.

【别名】

马鞭、铁马鞭、狗牙草、小铁马鞭、蜻蜓草、白马鞭、马鞭稍、蜻蜓饭。

【产地与分布】

分布于山西、陕西、甘肃、江苏、安徽、浙江、福建、江西、湖北、湖南、广东、广西、四川、贵州、云南、新疆、西藏。生长在山坡、树林旁、路边或溪边。在温带和热带地区都有分布。

【功效主治】

味苦，性凉。具有活血散瘀，截疟，解毒，利水消肿的功效。主治癥瘕积聚，经闭痛经，疟疾，喉痹，痈肿，水肿，热淋。

【活性成分】

全草含马鞭草苷、苦杏仁酶、鞣质；叶又含腺苷、β-胡萝卜素。

【药用部位及采收加工】

6~8月份开花时采收地上部分，除去泥土后晒干。

【植物特征】

多年生草本。茎四棱形，接近基部为圆

形，棱和节上疏生硬毛。叶对生；叶片长圆状披针形或卵圆形至倒卵形，基部叶边缘通常有缺刻和粗锯齿。穗状花序顶生或腋生，细弱，花小且无花柄，初密集，结果时疏离；苞片稍短于花萼，具硬毛；花冠蓝色或淡紫色；雄蕊着生于花冠管中部，花丝短；子房无毛。果实长圆形，外果皮薄。花期6~8月，果期7~10月。

79. 马缨丹

【药材名】

五色梅（Wu se mei）（带花的全株）

五色梅根（Wu se mei gen）

【药用植物名】

马缨丹 *Lantana camara* L.

【别名】

五彩花、臭草、如意草。

【产地与分布】

原产于美洲热带地区，现我国台湾、福建、广东、广西、湖南等地区有分布，为常见庭院栽培观赏植物。常生长于海拔80～1 500 m的路边和空旷地区。

【功效主治】

五色梅根：味淡，性凉。具有清热解毒，散结止痛的功效。主治感冒高烧，久热不退，颈淋巴结核，风湿骨痛，胃痛，跌打损伤。

枝、叶：味苦，性凉。外用治痈肿毒疮、湿疹、疥癣、皮炎、跌打损伤。

【活性成分】

带花的全草含脂类，其脂肪酸组成有肉豆蔻酸、棕榈酸、花生酸、油酸、亚油酸等。

【药用部位及采收加工】

以根或带花的全草入药，采收于春、夏季，鲜用或晒干。

【植物特征】

直立灌木或蔓性灌木，也有藤状，高可达2 m，臭气强烈。茎、枝均呈四方形，被短柔毛，通常有倒钩状短刺。单叶对生，叶片揉烂后有强烈的气味，叶片卵形至卵状长圆形，边缘有钝齿，顶端渐尖或急尖，基部楔形或心形，叶片上有粗糙的皱纹和短柔毛。头状花序腋生，花序梗粗壮；花冠橙黄色或黄色，花开放后变成深红色，子房无毛。核果圆球形，成熟时紫黑色。全年开花。

【注意事项】

本品有毒，内服有头晕、恶心、呕吐等反应时必须立即停用并到医院就诊。孕妇及体弱者忌用。

80. 牡荆

【药材名】

牡荆（Mu jing）

【药用植物名】

牡荆 *Vitex negundo* L. var. *cannabifolia* (Sieb. et Zucc.) Hand.-Mazz.

【别名】

荆条棵、黄荆柴、黄金子、五指柑。

【产地与分布】

广泛分布于华东及河北、湖北、湖南、广东、广西、贵州、四川、云南等省区。生长于低山向阳的山坡路边或灌丛中。

【功效主治】

　　味苦，性凉。具有解表，除湿，止痛，止痢的功效。主治感冒，中暑，胃痛，痢疾，吐泻，腹泻，痈肿及气管炎。

【活性成分】

　　含挥发油、丁香酸、香草酸、牡荆木脂素、硬脂酸。

【药用部位及采收加工】

　　夏秋两季采收地上部分，阴干备用。

【植物特征】

　　小乔木或落叶灌木，小枝四棱形。掌状复叶，叶对生，小叶5，少有3，小叶椭圆状披针形或披针形，基部楔形，先端渐尖，边缘有粗锯齿，上面绿色，下面淡绿色，通常无毛或被柔毛。圆锥花序顶生，花萼钟状，顶端5裂齿；花冠淡紫色，外被微柔毛，顶端5裂，二唇形，上唇短，2浅裂，下唇3裂。

核果近球形，黑褐色。花期6～7月，果期8～11月。

81. 夏枯草

【药材名】

　　夏枯草（Xia ku cao）

【药用植物名】

　　夏枯草　*Prunella vulgaris* L.

【别名】

　　麦穗夏枯草、铁线夏枯草、铁色草、金疮小草、羊蹄尖、灯笼草。

【产地与分布】

　　全国大部分地区均有分布，主产自陕西、甘肃、新疆、河南、湖北、湖南、江西、浙江、福建、台湾、广东、广西、贵州、四川及云南等省区。生于荒坡、草地、溪边及路旁等湿润地上。

【功效主治】

味辛、苦，性寒。具有清火，明目，散结，消肿的功效。主治目赤肿痛，目珠夜痛，头痛眩晕，瘰疬，瘿瘤，乳痈肿痛；甲状腺肿大，淋巴结结核，乳腺增生，高血压。

【活性成分】

三萜类、甾体类、黄酮类、苯丙素类。

【药用部位及采收加工】

以干燥果穗入药。夏季植株果穗由黄色渐变成棕褐色时采收，除去杂质，晒干。

【植物特征】

多年生草本，根茎匍匐，节上生有须根。茎方形，高可达 30 cm，基部多浅紫色分枝。叶对生，叶面椭圆状披针形，全缘或略有锯齿。轮伞花序聚集成顶生穗状花序，花萼钟状，长达 10 mm，二唇形；花丝略扁平，花柱纤细，先端裂片钻形，外弯。花盘近平顶。花冠蓝紫、红紫或紫色。小坚果黄褐色，长椭圆形。花期 4 ~ 6 月，果期 7 ~ 10 月。

82. 益母草

【药材名】

益母草（Yi mu cao）

【药用植物名】

益母草 *Leonurus japonicus* Houtt.

【别名】

范、茺、益母、茺蔚、益明、大札、臭秽、贞蔚、苦低草、郁臭草、土质汗、野天麻、火枚、负担、辣母藤、郁臭苗、猪麻、益母蒿、益母艾、扒骨风、红花艾、坤草、枯草、苦草。

【产地与分布】

广泛分布于全国各地。生长在田边、道路两旁、溪流边或山坡草地，尤其是在向阳地带分布较多，可以生长在海拔 3 000 m 以上的地带。

【功效主治】

味辛、苦，性微寒。具有活血调经，利尿消肿的功效。主治月经不调，痛经，经闭，恶露不尽，水肿尿少，急性肾炎水肿。

【活性成分】

含多种生物碱、月桂酸、油酸、甾醇、维生素 A 等。

【药用部位及采收加工】

夏季在每株开花 2/3 时可收获全株，选取晴天齐地割下，割后立即摊放，晒干后打成捆，备用。

【植物特征】

一年生或二年生草本，主根上密生须根。茎直立，钝四棱形，部分具槽。叶对生，叶形多种。轮伞花序腋生，具 8 ~ 15 朵花，轮廓圆球形，多数远离而聚集成长穗状花序；无花梗；花萼管状钟形；花冠淡紫红色或粉红；雄蕊 4，花丝丝状，扁平，花药卵圆形。雌蕊花柱丝状，无毛；花盘平顶；子房褐色，无毛。小坚果长圆状三棱形，淡褐色，光滑。花期一般在 6 ~ 9 月，果期 9 ~ 10 月。

83. 紫苏

【药材名】

紫苏子（Zi su zi）

紫苏叶（Zi su ye）

紫苏梗（Zi su geng）

【药用植物名】

紫苏　*Perilla frutescens* (L.) Britt.

【别名】

苏、苏叶、紫菜。

【产地与分布】

主要分布于华东、华南、西南及河北、山西、陕西、台湾等地。主产于江苏、湖北、广东、广西、河南、河北、山东、山西、浙江、四川等地。生于山地、路旁、村边或荒地，亦有栽培。

【功效主治】

紫苏叶：味辛，性微温，无毒。具有解表散寒，行气和胃的功效。主治风寒感冒，咳嗽痰多，脘腹胀满，恶心呕吐，腹痛吐泻，胎气不和，食鱼蟹中毒。

紫苏子：味辛，性温。可降气消痰，平喘，润肠。主治痰壅气逆，咳嗽气喘，肠燥便秘。

紫苏梗：叶辛，性温。具有理气宽中，止痛，安胎的功效。主治胸膈痞闷，胃脘疼痛，嗳气呕吐，胎动不安。

【活性成分】

茎含有酮类、亚麻酸及 β- 谷甾醇；叶含挥发油；果实种子含有脂肪油及维生素 B_1。

【药用部位及采收加工】

紫苏叶：南方 7 ~ 8 月，北方 8 ~ 9 月，枝叶茂盛时收割，直接摊在地上或悬挂于通风处阴干，干后将叶摘下即可。

紫苏子：秋季果实成熟时采收全株或果穗，打下果实，除去杂质，晒干。

紫苏梗：秋末割取地上部分，除去小枝、叶片及果实，晒干。或在夏末采收紫苏叶时，切下粗梗晒干。

【植物特征】

一年生的直立草本。茎部为绿色或紫色，钝四棱形，具四槽。叶对生，叶片为阔卵形或圆形，膜质或草质，两面为绿色或紫色，或者仅下面为紫色。轮伞花序，组成密被长柔毛、偏向一侧的顶生及腋生总状花序。花冠白色至紫红色，冠筒短，喉部斜钟形，冠檐近二唇形，中裂片较大，侧裂片与上唇相近似。雄蕊离生，花丝扁平；花盘前方呈指状膨大。小坚果灰褐色，近球形，具网状纹。花期 8 ～ 11 月，果期 8 ～ 12 月。

84. 风轮菜

【药材名】

风轮菜（Feng lun cai）

【药用植物名】

风轮菜 *Clinopodium chinense* (Benth.) O. Ktze.

【别名】

野凉粉藤（草）、苦刀草、九层塔、山薄荷、野薄荷。

【产地与分布】

主产于山东、浙江、安徽、江西、台湾、湖南、湖北、广东、广西及云南东北部。生长于山坡、草丛、路边、沟边、灌丛、林下，海拔在 1 000 m 以下处。

【功效主治】

味苦辛，性凉。具有疏风清热，解毒消肿的功效。主治感冒，中暑，急性胆囊炎，肝炎，肠炎，腮腺炎，乳腺炎，痢疾，过敏性皮炎，急性结膜炎，疔疮肿毒。

【活性成分】

全草含三萜皂苷和黄酮类成分，如风轮菜皂苷、香蜂草苷、橙皮苷、异樱花素、芹菜素、熊果酸等。

【药用部位及采收加工】

以全草入药。5 ～ 9 月采收，洗净，鲜

用或扎成小把晒干。

【植物特征】

多年生草本。茎基部匍匐生根，上部上升，多分枝，四棱形，具细条纹，密被短柔毛及腺微柔毛。叶对生，卵圆形，先端急尖或钝，基部圆形呈阔楔形，边缘具锯齿，坚纸质，上面橄榄绿色，密生平伏短硬毛，下面

灰白色，被生柔毛，脉上最密。轮伞花序多花密集，腋生或顶生，半球状；苞叶叶状，向上渐小至苞片状，苞片针状，极细，被柔毛状缘毛及微柔毛；花萼狭管状，常染紫红色，花冠紫红色，外被微柔毛。小坚果倒卵形，黄褐色。花期5～8月，果期8～10月。

85. 一年蓬

【药材名】
一年蓬（Yi nian peng）

【药用植物名】
一年蓬 *Erigeron annuus* (L.) Pers.

【别名】
女菀、野蒿、牙肿（根）消、千张草、墙头草、地白菜、油麻草、白马兰、千层塔、治疟草、瞌睡草、白旋覆花。

【产地与分布】
广泛分布于山东、江苏、安徽、江西、福建、湖南、湖北、吉林、河北、河南、四川和西藏等省区。常生于山坡荒地或路边旷野。

【功效主治】
味甘、苦，性凉。具有清热解毒，助消化，截疟的功效。主治消化不良，肠炎腹泻，疟疾，传染性肝炎，淋巴结炎，血尿；外用治齿龈炎，毒蛇咬伤。

【活性成分】
全草含焦迈康酸，花含槲皮素、芹菜素等。

【药用部位及采收加工】
夏、秋季（6～9月）采集全草，洗净，鲜用或晒干用。

【植物特征】
一年生或二年生草本。茎粗壮且直立，上部有分枝。基生叶丛生，叶片卵形或倒卵状披针形；茎生叶互生，披针形成线状。头状花序数个或多数，排列成疏圆锥花序；总苞半球形，其总苞片3层，草质，披针形；外围的雌花舌状，有2层，有时白色，或有时淡天蓝色，线形，顶端具2小齿，花柱分枝线形；中央的两性花管状，黄色。瘦果披针形，扁平。花期6～9月。

86. 藿香蓟

【药材名】

胜红蓟（Sheng hong ji）

【药用植物名】

藿香蓟　*Ageratum conyzoides* L.

【别名】

胜红蓟、胜红药、白花草、消炎草。

【产地与分布】

分布在我国南方的大部分省区，主产于云南、四川、贵州、江西、广东、广西及福建等地，也有栽培。生长于林缘、河边、山谷、山坡林下或田边，荒坡草地也常有生长。

【功效主治】

味辛、微苦，性凉。具有清热解毒，止痛、止血的功效。主治感冒发热，咽喉肿痛，口舌生疮，咯血，衄血，崩漏，脘腹疼痛；外用治跌打损伤，外伤出血，痈疮肿毒，湿疹瘙痒。

【活性成分】

黄酮苷、有机酸、氨基酸、挥发油等。

【药用部位及采收加工】

夏、秋季采收全草，晒干或鲜用。

【植物特征】

一年生草本。茎直立且有分枝，疏被白色短粗毛。单叶对生，宽卵圆形，先端钝，基部稍带浅心形或钝，边缘具有圆齿。头状花序排列成稠密的伞房状，腋生或顶生，花白色或淡蓝色；总苞钟状，苞片2～3列，披针形；花冠全部管状。瘦果柱状，黑色，具5棱，顶端具5片膜状冠毛，上部芒状，基部具细齿。花期6～8月。

87. 黄鹌菜

【药材名】

黄鹌菜（Huang an cai）

【药用植物名】

黄鹌菜　*Youngia japonica* (L.) DC.

【别名】

苦菜药、三枝香、黄花菜、野芥菜、臭头苦荬。

【产地与分布】

分布于安徽、江苏、福建、浙江、湖北、广东、四川、云南等地。生于山坡、山谷及山沟林缘、林下、林间草地及潮湿处、田间与荒地上。

【功效主治】

味甘、微苦，性凉。具有清热解毒、消肿止痛、抗菌消炎的功效。主治咽痛、感冒、乳腺炎、结膜炎、疮疖、尿路感染、白带、风湿关节炎。

【活性成分】

正二十二烷醇、蒲公英甾醇乙酸酯、二十二烷酸等。

【药用部位及采收加工】

以全草或根入药。四季可采，洗净，鲜用或晒干。

【植物特征】

一年或二年生草本。茎直立，单生或少数茎成簇生，顶端伞房花序状，分枝或下部有长分枝，下部被稀疏的短毛或皱波状长柔毛。基部叶丛生，倒披针形，提琴状羽裂，

顶端裂片大，先端钝，边缘有不整齐的波状齿裂；茎生叶互生，稀少，通常 1 ~ 2 枚，少有 3 ~ 5 枚，叶片狭长，羽状深裂。头状花序小且多；花冠黄色，边缘为舌状花，中心为管状花。瘦果棕红色，具有 11 ~ 13 条棱，冠毛白色。花果期 4 ~ 10 月。

88. 菊花

【药材名】

菊花（Ju hua）

【药用植物名】

菊花 *Chrysanthemum morifolium* Ramat.

【别名】

秋菊、鞠。

【产地与分布】

全国大部分地区都有栽培。药用菊花以河南、安徽、浙江栽培最多。

【功效主治】

味甘、苦，性微寒。具散风清热，平肝明目的功效。主治风热感冒，头痛眩晕，目赤肿痛，眼目昏花。

【活性成分】

黄酮苷类化合物，挥发油的主要成分是单萜和倍半萜类化合物。

【药用部位及采收加工】

秋季花盛开时分批采收，阴干或焙干，或熏、蒸后晒干。

【植物特征】

多年生草本，高 60 ~ 150 cm。茎直立，分枝或不分枝，被柔毛。叶互生，卵形至披针形，羽状浅裂或半裂，有短柄，叶下面被白色短柔毛。头状花序顶生或腋生，大小不一；总苞片多层，外层外被柔毛；舌状花雌性，位于边缘，颜色各种；管状花两性，位于中央，黄色。瘦果矩圆形，具 4 棱，顶端平截，光滑无毛。花期 9 ~ 11 月，果期 10 ~ 11 月。

89. 鳢肠

【药材名】

墨旱莲（Mo han lian）

【药用植物名】

鳢肠 *Eclipta prostrata* L.

【别名】

乌田草、墨旱莲、墨水草、旱莲草、乌心草、黑墨草。

【产地与分布】

分布在全国大部分地区。生长于田间、路旁等较阴湿处。

【功效主治】

味甘、酸，性微寒。具有补益肝肾，凉血止血的功效。主治肝肾阴亏，腰膝酸软，头晕目眩，鼻衄，咯血，吐血，牙龈出血，尿血，便血，崩漏，外伤出血。

【活性成分】

全草含皂苷，烟碱、鞣质、维生素 A，以及多种噻吩化合物等。

【药用部位及采收加工】

夏、秋季枝叶生长茂盛时割取全草，洗

净晒干或鲜用。

【植物特征】

一年生草本，全株被白色茸毛。茎圆柱形，有纵棱和分枝。叶对生，条状披针形或披针形，全缘或有细锯齿。头状花序顶生或腋生，花梗细长；总苞 2 层，绿色花杂性，外围为舌状花，2 层，白色，雌性；中央为管状花，黄绿色，两性。管状花的瘦果较短粗，三棱形，舌状花的瘦果扁四棱形，黄黑色。花期 7 ~ 9 月，果期 9 ~ 10 月。

90. 蒲公英

【药材名】

蒲公英（Pu gong ying）

【药用植物名】

蒲公英 *Taraxacum mongolicum* Hand.-Mazz.

【别名】

婆婆丁、黄花地丁、姑姑英、灯笼草。

【产地与分布】

产于黑龙江、吉林、内蒙古、河北、陕西、甘肃、青海、山东、安徽、浙江、福建北部、台湾、河南、湖北、湖南、广东北部、四川、贵州、云南等省区。广泛生长在中、低海拔地区的山坡草地、田野、河滩、路边。

【功效主治】

味苦、甘，性寒。具有清热解毒，消肿散结，利尿通淋的功效。主治疔疮肿毒，目赤，瘰疬，咽痛，乳痈，肺痈，肠痈，热淋涩痛，湿热黄疸。临床尚用于治疗慢性胃炎、十二直肠溃疡、先天性血管瘤等。

【活性成分】

蒲公英甾醇、菊糖、胆碱及果胶等。

【药用部位及采收加工】

春至秋季花初开时采收全草，除去杂质，洗净，阴干或晒干。

【植物特征】

多年生草本，含白色乳汁。根呈圆柱状，

黑褐色，粗壮。叶基生，排成莲座状；叶片倒卵状披针形、长圆状披针形或倒披针形，先端钝或急尖。头状花序顶生，全部为舌状花，两性；总苞呈钟状，淡绿色。舌状花黄色，边缘花舌片背面具有紫红色的条纹，花药和柱头呈暗绿色。瘦果倒卵状披针形，暗褐色，上部具有小刺，下部具有成行排列的小瘤，顶端逐渐收缩为长约 1 mm 的圆锥至圆柱形喙基，冠毛白色。花期 4 ~ 9 月，果期 5 ~ 10 月。

91. 万寿菊

【药材名】

万寿菊（Wan shou ju）

【药用植物名】

万寿菊 *Tagetes erecta* L.

【别名】

臭芙蓉、金菊、金花菊、金鸡菊、黄菊、

柏花、红花、蜂窝菊、里苦艾。

【产地与分布】

全国各地庭园广有栽培。

【功效主治】

根：味苦，性凉。具有解毒消肿的功效。主治上呼吸道感染，百日咳，支气管炎，眼角膜炎，咽炎，口腔炎，牙痛；外用治腮腺炎，乳腺炎，痈疮肿毒。

叶：味甘，性寒。具有清热解毒的功效。主治痈、疮、疖、疔，无名肿毒。

花：味苦，性凉。具有平肝清热，祛风，化痰的功效。主治头晕目眩，风火眼痛，小儿惊风，感冒咳嗽，百日咳，乳痈，疟腮。

【活性成分】

花含万寿菊素、槲皮万寿菊素以及玉红色素等；根中含 α- 三联噻吩等。

【药用部位及采收加工】

夏、秋采叶，秋冬采花，鲜用或晒干用。

【植物特征】

一年生草本。茎直立，粗壮，具有纵细条棱，分枝向上平展。叶对生，羽状分裂，裂片长椭圆形或披针形，边缘具有锐锯齿，上部叶裂片的齿端有长细芒，沿叶缘有少数腺体。头状花序单生，花序梗顶端棍棒状膨大；总苞杯状，顶端具齿尖；舌状花多数，黄色或暗橙色，舌片倒卵形，基部收缩成长爪，顶端微弯缺；管状花花冠黄色，顶端具5齿裂。瘦果线形，基部缩小，黑色或褐色，被短微毛；冠毛有鳞片。花期 7 ~ 9 月。

92. 射干

【药材名】

射干（She gan）

【药用植物名】

射干 *Belamcanda chinensis* (L.) DC.

【别名】

交剪草，野萱花。

【产地与分布】

产吉林、辽宁、河北、山西、山东、河南、安徽、江苏、浙江、福建、台湾、湖北、湖南、江西、广东、广西、陕西、甘肃、四川、贵州、

云南、西藏等省区。常生于林缘或山坡草地，大部分生于海拔较低的地方，但在西南山区，海拔 2 000～2 200 m 处也可生长。

【功效主治】

味苦，性寒。具有清热解毒，消痰，利咽的功效。主治热毒痰火郁结，咽喉肿痛，痰涎壅盛，咳嗽气喘。

【活性成分】

根茎含射干定、鸢尾苷、鸢尾黄酮苷、鸢尾黄酮。

【药用部位及采收加工】

春初刚发芽或秋末茎叶枯萎时采挖根茎，除去泥土，剪去茎苗及细根，晒至半干，燎净毛须，再晒干。

【植物特征】

多年生草本。根状茎为不规则的块状，斜伸，黄色或黄褐色；须根多数，带黄色；茎高 1～1.5 m，实心。叶互生，嵌迭状排列，剑形，基部鞘状抱茎，顶端渐尖，无中脉。花序顶生，叉状分枝，每分枝的顶端聚生有数朵花；花梗及花序的分枝处均包有膜质的苞片，苞片披针形或卵圆形；花橙红色，散生紫褐色的斑点。蒴果倒卵形或长椭圆形；种子圆球形，黑紫色，有光泽，着生在果轴上。花期 6～8 月，果期 7～9 月。

93. 韭莲

【药材名】

赛番红花（Sai fan hong hua）

【药用植物名】

韭莲　*Zephyranthes grandiflora* Lindl.

【别名】

菖蒲莲、空心韭菜、旱水仙、红玉帘、风雨花。

【产地与分布】

全国各地均有栽培。

【功效主治】

味苦，性寒。具有散热解毒，活血凉血的功效。主治吐血，血崩，跌伤红肿，疮痈红肿，毒蛇咬伤等。

【活性成分】

烟胺、网球花胺、水鬼蕉碱、石蒜碱、雪花莲碱等。

【药用部位及采收加工】

夏、秋季采收全草，晒干。

【植物特征】

多年生草本。鳞茎卵球形。基生叶常常数枚簇生，线形，扁平。花单生于花茎顶端，下有佛焰苞状总苞，总苞片常带有淡紫红色，下部合生成管；花玫瑰红色或粉红色；花被裂片 6，裂片倒卵形，顶端略尖；雄蕊 6，花药呈丁字形着生；子房下位，3 室，胚珠多数，花柱细长。蒴果近球形；种子黑色。花期夏秋季。

94. 韭

【药材名】

　　韭菜（Jiu cai）

　　韭菜子（Jiu cai zi）

【药用植物名】

　　韭　*Allium tuberosum* Rottl. ex Spreng

【别名】

　　韭菜。

【产地与分布】

　　全国范围内广泛栽培，也有野生植株。生长于田园。

【功效主治】

　　韭菜子：味辛、甘，性温。具有壮阳固精，温补肝肾的功效。主治阳痿、遗精，遗尿尿频，腰膝酸软、冷痛、白浊带下。

　　韭菜：味辛，性温。具有温中行气，补肾，散瘀，解毒的功效。主治肾虚阳痿，里寒腹痛，噎膈反胃，胸痹疼痛，衄血、吐血，尿血，痢疾，痔疮，痈疮肿毒，跌打损伤。

【活性成分】

　　韭菜子含苷类、硫化物、维生素 C 等；韭菜叶含硫化物、苷类和苦味质等。

【药用部位及采收加工】

　　秋季果实成熟的时候采收果序，晒干，取出种子，除掉杂质，即为韭菜子；韭菜叶四季可采，鲜用。

【植物特征】

　　多年生草本植物，具有倾斜的横生根状茎。鳞茎簇生，近圆柱状；鳞茎外皮暗黄色至黄褐色，呈网状或者近网状。叶呈条形，扁平且实心，比花葶短，边缘平滑。花葶圆柱状，下部被叶鞘；总苞单侧开裂，或 2 ~ 3 裂；伞形花序近球状或者半球状，具稀疏但较多的花；花白色。花果期 7 ~ 9 月。

95. 鸭跖草

【药材名】

　　鸭跖草（Ya zhi cao）

【药用植物名】

　　鸭跖草　*Commelina communis* L.

【别名】

　　翠蝴蝶，竹节菜，竹节草，露草，竹叶兰。

【产地与分布】

主产于云南、广西等地。四川、贵州、江西、湖北等地也有生产。生于路旁、田埂、山坡阴湿处。

【功效主治】

味甘、微苦，性微寒。具有清热解毒，散瘀止血，利水消肿的功效。主治风热感冒，高热不退，咽喉肿痛，水肿尿少，热淋涩痛，痈肿疔毒。

【活性成分】

花瓣中含有鸭跖黄酮苷、花色苷等；全草含左旋 - 黑麦草内酯、β- 谷甾醇等。

【药用部位及采收加工】

夏、秋二季采收全草，鲜用或晒干。

【植物特征】

一年生草本。节上长根。茎多分枝，具纵棱，基部匍匐，上部直立，仅叶鞘和茎上部被短毛。单叶互生，卵状坡针形；叶鞘膜质，呈白色。佛焰苞有柄，心状卵形，边缘

对合折叠，基部不相连，有毛；花为蓝色，且具有长爪，顶端呈蝴蝶状；萼片薄膜质，花瓣 3 片且分离。蒴果椭圆形。花期 7 ~ 9 月，果期 9 ~ 10 月。

96. 稻

【药材名】

谷芽（Gu ya）

【药用植物名】

稻　*Oryza sativa* L.

【别名】

蘖米、谷蘖、稻蘖。

【产地与分布】

我国南方是主要的产稻区，但北方各省区都有栽种。

【功效主治】

味甘，性温。具有和中消食，健脾开胃

的功效。用于食积不消，腹胀口臭，脾胃虚弱，不饥食少。炒谷芽偏于消食，用于不饥食少；焦谷芽善化积滞，用于积滞不消、小儿消化不良及小儿腹泻等。

【活性成分】

淀粉、纤维素及多糖等。

【药用部位及采收加工】

将稻谷用清水浸泡后，保持适宜的温度和湿度，待须根长至约 1 cm 时，干燥。

【植物特征】

一年生水生草本。秆直立且丛生。叶鞘松弛且无毛；叶舌呈披针形；叶片线状披针形，粗糙，无毛。圆锥花序大型疏展，多分枝，棱粗糙，成熟时期向下弯垂；小穗含 1 成熟花，两侧甚压扁，长圆状卵形至椭圆形。颖果，平滑。花果期 6 ~ 10 月。

97. 棕榈

【药材名】

棕榈（Zong lü）

【药用植物名】

棕 榈 *Trachycarpus fortunei* (Hook.) H. Wendl.

【别名】

棕树、棕衣树、棕皮、棕骨。

【产地与分布】

分布在长江以南的各省区。常见栽培于道路两旁，少见野生于疏林中，海拔上限 2 000 m 左右处。

【功效主治】

味苦、涩，性平。具有收涩止血的功效。主治吐血，衄血，尿血，便血，崩漏下血。

【活性成分】

皂苷类。

【药用部位及采收加工】

以棕榈树的干燥叶柄入药。采收棕榈时割取旧叶柄下延部分和鞘片，除去纤维状的棕毛，晒干。

【植物特征】

乔木，树干圆柱形。叶片似圆形，深裂，

裂片线状剑形；叶柄较长。花序粗壮，多次分枝，雌雄异株；雄花序具有分枝花序，雄花无梗，密集着生在小穗轴上，也有单生的，黄绿色，卵球形，钝三棱；花瓣阔卵形，花药卵状箭头形；雌花序梗上面有3个佛焰苞包裹，具圆锥状的分枝花序；雌花呈淡绿色，聚生；花无梗，球形，萼片阔卵形，花瓣卵状似圆形。果实阔肾形，有脐，成熟时由黄色变成淡蓝色，有白粉。花期4月，果期12月。

98. 东方香蒲

【药材名】

蒲黄（Pu huang）

【药用植物名】

东方香蒲 *Typha orientalis* Presl

【别名】

毛蜡烛。

【产地与分布】

主产于东北、华北、陕西、湖南、云南等省区。常生长在水旁或池沼旁。

【功效主治】

味甘，性平。具有止血，化瘀，通淋的功效。主治吐血，衄血，崩漏，外伤出血，经闭痛经，脘腹刺痛，血淋涩痛、跌打肿痛。

【活性成分】

花粉含水分、粗蛋白、粗淀粉、糖、粗脂肪、灰分等。

【药用部位及采收加工】

夏季采收香蒲棒上部的黄色雄花序，晒干后碾轧，筛取花粉。

【植物特征】

多年生沼生草本，直立，高1~2 m。根茎粗壮。叶呈线条形，宽5~10 mm。花单性，雌雄同株；穗状花序圆柱状，雄花序和雌花序彼此相连，雄花序在上；雌花无小苞片，有许多基生的白色长毛，毛比柱头稍长或等长，柱头为匙形，不育雌蕊为棍棒状。小坚果有一条纵沟。花期6~7月，果期7~8月。

99. 香附子

【药材名】

香附（Xiang fu）

【药用植物名】

莎草 *Cyperus rotundus* L.

【别名】

莎草、莎草根、香附子、雷公头、三棱

草根、猪通草茹、香头草、回头青、雀头香、苦羌头。

【产地与分布】

主产于山西、河南、河北、山东、江苏、浙江、江西、安徽、云南、贵州、四川、福建、广东、广西、台湾等省区；生长于山坡、荒地、草丛中或水边潮湿处。

【功效主治】

味辛、微苦、微甘，性平。具有行气解郁，调经止痛的功效。主治胁肋胀痛，乳房胀痛，疝气疼痛，月经不调，脘腹痞满疼痛，嗳气吞酸，呕恶，经行腹痛，崩漏带下，胎动不安。

【活性成分】

含糖类、淀粉及挥发油等。

【药用部位及采收加工】

春、秋季挖取根茎，用火燎除去须根，晒干。

【植物特征】

多年生草本。茎直立，三棱形，匍匐根状茎长，具有椭圆形块茎。叶较多，平张；鞘棕色，通常裂成纤维状。穗状花序轮廓呈陀螺形，稍疏松；鳞片稍密地排列成复瓦状，膜质，长圆状卵形或卵形；花药长，线形，呈暗红色，药隔突出于花药顶端；花柱细长，伸出鳞片外。小坚果长圆状倒卵形，具有细点。花果期 5 ～ 11 月。

100. 美人蕉

【药材名】

美人蕉（Mei ren jiao）

【药用植物名】

美人蕉 *Canna indica* L.

【别名】

兰蕉、水蕉、莲蕉。

【产地与分布】

全国大多数地区有栽培。

【功效主治】

味甘，性凉。具有清热利湿，安神降压的功效。主治黄疸型急性传染性肝炎，神经官能症，高血压病，红崩，白带；外用治跌打损伤，疮疡肿毒。

【活性成分】

B- 植物血凝素。

【药用部位及采收加工】

以根状茎及花入药。全年可采，挖得后去净茎叶，晒干或鲜用。

【植物特征】

多年生草本，植株全部呈绿色，高约1.5 m。单叶互生，叶片呈卵状长圆形，长10 ~ 30 cm，宽约 10 cm。总状花序，花成对或单生；每朵花具 1 苞片，花萼片绿白色或先端带红色；花冠红色，管长约 1 cm。蒴果卵状长圆形，呈绿色，具柔软刺状物，长1.2 ~ 1.8 cm。花果期 3 ~ 12 月。

怀化地区常见药用植物的初步分析

摘要：目前，药用植物的分类多以传统的性味、功效分类，略显单一。本文以实际生活为基本出发点和依据，对身边常见的 100 种药用植物进行了分析调查，根据这些药用植物的各方面特征，提出了相关的建议，以期为身边药用植物资源的开发利用与保护提供科学依据，丰富药用植物分类的研究方向。本调查通过资料收集、实地调查、室内整理、数据分析四个步骤进行。本次共调查药用植物 60 科 97 属 100 种，菊科、豆科、蔷薇科植物相对较多。野生植物占62.00%，栽培占 38.00%。草本植物占有明显优势，其种数占 51.00%，采收季节多为夏、秋两季，初加工方式均为洗净、晒干。以叶类和果实及种子类入药所占的比例最高，达到 33.00%和 31.00%。寒性药用植物的种数最多，占 34.00%，苦味药用植物种数最多，占 51.00%。含有机酸与酚类、萜类和挥发油的植物较多，占植物总数的 58.00% 和 25.00%。清热药、止血药所占的比例较高，分别为 41.00%、14.00%。

关键字：药用植物资源；身边；多样性。

近年来，由于广谱抗生素、糖皮质激素等药品的滥用，造成耐药性、不良反应等诸多严重危害。副作用相对较少、疗效有诸多优点的中药逐渐走进人们的视野。我国的中药材产业具有深厚的文化底蕴和丰富的医药人才，发展的前景较为广阔。而药用植物作为药品的一个重要来源，具有重要的研究价值和意义。只有充分地了解药用植物的种质资源、分类特点、化学性质、采收加工方法，才能更有效地优化制剂并应用于临床诊治中。

随着国家生物多样性调查专项的实施和全国第四次中药资源普查工作的开展[1]，药用植物种质资源的研究进一步得到重视。在植物分类研究领域中，科研人员选择研究领域的依据较为多样化，较常规的依据有园林价值、功效（药用价值）、观赏价值、使用价值等。近年亦有部分研究人员独辟蹊径，如许学锋等以身边的植物为研究对象，对其特征、用途进行归类总结[2]，刘光华等以端午节为划分线索，对其相关植物进行研究探讨[3]。但是，在药用植物研究领域，研究者们进行探讨的依据却相对单一和局限，多以传统的产地、功效、药理为主。药用植物与我们的生活息息相关，无论是庭院、路边，或是河边、草地，药用植物或多或少都有分布。但截至目前，还未见研究者对人类生活区域的药用植物进行系统的研究和调查。本文将目光投向存在于我们身边但却常常被忽略的药用植物，从实际生活的角度出发，对身边常见的 100 种药用植物进行了分类调查，从种类、药理、功效、药用部位等多个角度进行了分析和整理，期望能加强人们对身边药用植物的了解和认识，丰富药用植物的分类探讨依据，促进身边中药资源的合理开发与保护。

1 研究地概况与研究方法

1.1 研究地概况

我们所研究的是身边常见的药用植物，研究地主要分布在怀化市鹤城区的人类活动区域，如中坡山国家森林公园、太平溪、怀化学院、居民庭院、农田等地。怀化市地处湖南省西南边界，位于武陵山和雪峰山两大山脉之间，属亚热带季风气候，森林覆盖率较高，自然环境良好，境内有康龙自然保护区和中坡山国家森林公园，植物资源丰富，有明显的环境优势，非常适合药用植物的生长。

1.2 研究方法

本论文是基于身边常见药用植物的调查，所以在调查之前，我们通过中草药相关文献书籍资料、电子数据库资源等多种渠道获取了身边常见药用植物的相关信息，初步了解了怀化市周边的地形、气候、植被、土壤、水文等情况，准备了相机等相关的仪器和用具。主要对屋前屋后、路边小道、农田、城市花坛、公园、草地等人类活动区域进行了调查与分析，拍摄各地点生长的药用植物照片或在不破坏环境且获得准许的前提下采集部分标本。拍摄方法主要是通过对药用植物的局部、整体及其生境进行拍摄。同时，在调查中进行影像资料采集，初步对植物进行判断和比对。在实地调查、影像鉴定结果及整理的数据的基础上，参阅多种权威资料[4][5][6][7]以及中国知网的期刊文献，统计身边常见药用植物的种类，编辑药用植物名录，进而从种类多样性、生境和生态习性、采收与加工特点、药性与药味、药效与功能、毒性与禁忌等多方面进行总结与分析。

2 结果与分析

2.1 分类地位分析

2.1.1 科的多样性分析

通过对身边常见药用植物的实地观察，共收集到 100 种药用植物的相关资料。根据每科内所含的物种数可将该科分为区域单种科（仅含 1 种）、区域寡种科（含 2 ~ 5 种）、区域中等科（6 ~ 10 种）、区域较大科（11 ~ 20 种）和区域大科（含 > 20 种）（见表 1、表 2）。

表 1　身边常见药用植物科种类

科名	拉丁学名	种数	科名	拉丁学名	种数
陵齿蕨科	*Lindsaeaceae*	1	海金沙科	*Lygodiaceae*	1
苏铁科	*Cycas revoluta Thunb.*	1	柏科	*Cupressaceae Bartling*	1
杨梅科	*Myricaceae*	1	桑科	*Moraceae*	3
荨麻科	*Urticaceae*	1	蓼科	*Polygonaceae*	2
紫茉莉科	*Nyctaginaceae*	2	马齿苋科	*Portulacaceae*	2
石竹科	*Caryophyllaceae*	2	藜科	*Chenopodiaceae*	1
苋科	*Amaranthaceae*	3	仙人掌科	*Cactaceae*	1
木兰科	*Magnoliaceae*	1	樟科	*Lauraceae*	1

科名	拉丁学名	种数	科名	拉丁学名	种数
小檗科	*Berberidaceae*	1	马鞭草科	*Verbenaceae*	3
睡莲科	*Nymphaeaceae*	1	三白草科	*Saururaceae*	1
十字花科	*Cruciferae*	1	蔷薇科	*Rosaceae*	6
豆科	*Leguminosae*	6	酢浆草科	*Oxalidaceae*	1
大戟科	*Euphorbiaceae*	3	芸香科	*Rutaceae*	2
楝科	*Meliaceae*	1	凤仙花科	*Balsaminaceae*	1
鼠李科	*Rhamnaceae*	2	葡萄科	*Vitaceae*	1
锦葵科	*Malvaceae*	1	葫芦科	*Cucurbitaceae*	2
千屈菜科	*Lythraceae*	1	石榴科	*Punicaceae*	1
伞形科	*Umbelliferae*	1	木犀科	*Oleaceae*	3
夹竹桃科	*Apocynaceae*	2	茜草科	*Rubiaceae*	1
唇形科	*Labiatae*	3	茄科	*Solanaceae*	4
玄参科	*Scrophulariaceae*	1	紫葳科	*Bignoniaceae*	1
爵床科	*Acanthaceae*	1	忍冬科	*Caprifoliaceae*	1
菊科	*Compositae*	7	鸢尾科	*Iridaceae*	1
石蒜科	*Amaryllidaceae*	1	百合科	*Liliaceae*	1
鸭跖草科	*Commelinaceae*	1	禾本科	*Gramineae*	1
棕榈科	*Palmae*	1	香蒲科	*Typhaceae*	1
莎草科	*Cyperaceae*	1	美人蕉科	*Cannaceae*	1
银杏科	*Ginkgoaceae Engler*	1	木贼科	*Equisetaceae*	1
毛茛科	*Ranunculaceae*	1	落葵科	*Basellaceae*	1
壳斗科	*Fagaceae*	2	虎耳草科	*Saxifragaceae*	1

表 2　身边常见药用植物科的多样性统计

类别	单种科 1 种	寡种科 2 ~ 5 种	中等科 6 ~ 10 种	总数
科数	41	16	3	60
比例（%）	68.33	26.67	5.00	100.00
种数	41	40	19	100
比例（%）	41.00	40.00	19.00	100.00

根据表1和表2中科的构成看，在收集到的身边常见药用植物中仅含有1种植物的科有41个，占总科数的68.33%；寡种科有16个，占总科数的26.67%；中等科的科数占总科数的比例低，有蔷薇科、豆科和菊科，占总科数的5.00%。由于调查种类有限，并不包含较大科和大科。

2.1.2 属的多样性分析

根据每属内所含物种数，可将其分为区域单种属（仅含1种）、区域寡种属（含2～5种）以及区域中等属（含6～10种）、区域较大属（含11～20种）和区域大属（含>20种）。但是由于调查的范围有限以及采集的种类有限，因此绝大多数为单种属，仅茄属、柑橘属和悬钩子属有2种植物（见表3）。

表3 身边常见药用植物属的多样性统计

类别		单种属1种		寡种属2～5种		总数
属数		94		3		97
比例（%）		96.91		3.09		100.00
种数		94		6		100
比例（%）		94.00		6.00		100.00

2.2 生境、生活型分析

2.2.1 生境

生境主要指物种或物种群体赖以生存的生态环境。我们本次调查以人类身边的药用植物为方向，主要调查的地点是人类活动的区域，如屋前屋后、城市街道、路边灌丛、农田、城市花坛、园林庭院、公园、草地以及河边等（见表4）。

表4 身边常见药用植物生境统计

生境类型	数目	比例（%）	生境类型	数目	比例（%）
山坡	13	13.00	花坛	1	1.00
路边灌丛	13	13.00	道路两旁	6	6.00
庭院栽培	34	34.00	草地	17	17.00
屋前屋后	14	14.00	河边	1	1.00
农田	1	1.00			

我国现有 11 146 种药用植物，临床药材 700 多种，其中 80%的传统中药材为野生资源[8]。而本次调查中，大多数药用植物处于野生生境，如生于山坡、路边灌丛、田边、草地等，有马齿苋、蕺菜、夏枯草等 62 种，占总数比例的 62.00%。而少数药用植物处于栽培生境，如栽培于园林庭院、城市街道等地以作观赏或人工种植于田地以供食用，有辣椒、苦瓜、韭等 38 种，占总数比例的 38.00%（见表 5）。中草药行业的可持续发展依赖于对药用植物尤其是野生药用植物的保护和科学利用，我们需加强对药用植物特别是野生药用植物的保护。

表 5　身边常见药用植物生境类型统计

生境类型	数目	比例（%）
野生	62	62.00
栽培	38	38.00
总数	100	100.00

2.2.2　生活型

生活型是植物在其发展历史过程中，对于生活环境长期适应而形成的多种基本形态，常用来描述成熟的高等植物。生活型是植物区系本身的生态分类，同时可以反映一定地区的自然环境。一般将植物分为 4 大类，分别为：草本、藤本、灌木、乔木。

分析可知，在身边常见药用植物的生活型多样性组成中，草本植物占有明显优势，其种数占药用总种数的 51.00%，其次是乔木和灌木类药用植物，占药用植物总数的 23.00% 和 22.00%，所占比例最少是藤本类，占药用植物总数 4.00%（见表 6）。

表 6　身边常见药用植物生活型统计

生活型	种数	比例（%）	代表植物
草本	51	51.00	牛膝（*Achyranthes bidentata* BIume.） 马鞭草（*Verbena officinalis* L.）
藤本	4	4.00	冬瓜（*Benincasa hispida* (Thunb.) Cogn.） 凌霄（*Campsis grandiflora* (Thunb.) Schum.）
灌木	22	22.00	夹竹桃（*Nerium indicum* Mill.） 枸杞（*Lycium chinense* Mill.）
乔木	23	23.00	荷花玉兰（*Magnolia grandiflora* L.） 猴樟（*Cinnamomum bodinieri* Levl.）

2.3 药用部位与采收加工

2.3.1 药用部位分析

中药的药用部位与用药安全、临床疗效密切相关，所以中草药药用部位的选择十分重要。根据《中国药材学》归类植物药用部位的标准，将所研究的 100 种中药用植物的药用部位进行了分类（见表 7）。

表 7 调查植物药用部位

药用部位	种数	所占比例（%）	代表植物
全草（株）	28	28.00	夏枯草（*Prunella vulgaris* L.） 益母草（*Leonurus japonicus* Houtt）
根及根茎类	29	29.00	牛膝（*Achyranthes bidentata* Blume.） 火棘（*Pyracantha fortuneana* (Maxim.) Li.） 紫薇（*Lagerstroemia indica* L.）
茎	12	12.00	繁缕（*Stellaria media* (L.) Cyr.） 稻（*Oryza sativa* L.） 桑（*Morus alba* L.）
皮类	12	12.00	石榴（*Punica granatum* L.） 乌桕（*Sapium sebiferum* (L.) Roxb.） 楝（*Melia azedarach* L.）
叶类	33	33.00	繁缕（*Stellaria media* (L.) Cyr.） 牡荆（*Vitex negundo* L. var. cannabifolia (Sieb. et Zucc.) Hand.-Mazz.） 土人参（*Talinum paniculatum* (Jacq.) Gaertn.）
花类	21	21.00	石榴（*Punica granatum* L.） 菊花（*Dendranthema morifolium* (Ramat.) Tzvel.） 紫薇（*Lagerstroemia indica* L.）
果实及种子类	31	31.00	繁缕（*Stellaria media* (L.) Cyr.） 枸杞（*Lycium chinense* Mill.） 楝（*Melia azedarach* L.）

注：因大部分药用植物药用部位不唯一，故此处种数之和不等于总数。

根据《中国药材学》可将药用部位分为全草（株）类、根及根茎类、茎皮类、叶类、花类、果实及种子类以及其他类。其中以叶类入药所占的比例最高，达到 33.00%，有 33 种。

其次是果实及种子类达到31.00%，有31种。根及根茎类达到29.00%，有29种。全草入药为28.00%，植物数量有28种。花类为21.00%，有21种。茎类和皮类占12.00%，有12种。由此可得出以下结论：在所分析的100种药用植物中，药用部位为叶类最多，有33种，而药用部位只为茎类和皮类的较少，为12种。

2.3.2 采收与加工

药用植物的采收与加工是制成中药药剂的一个重要的步骤，这一过程直接影响药品的质量。我国现行的《中药材生产质量管理规范》中，对中药材的采收加工做了明确的规定。

2.3.2.1 采收

中药材的采收受多方面的影响，采收年限、采收时期、采收次数等因素都会直接影响药品的质量。本次我们调查的100种药用植物，其采收季节多为夏、秋两季，分别为76、86种，占植物总数的76.00%、86.00%，而春、冬两季较少（见表8）。

表8 所调查药用植物采收季节分类

采收季节	种数	比例（%）
春	31	31.00
夏	76	76.00
秋	86	86.00
冬	26	26.00

注：因植物不同部位采收季节不同，某些植物有多个采收季节，故种数之和不等于总种数。

2.3.2.2 加工

刚刚采收的中药材中含有较多的水分，体内具有大量含生物活性的酶类，干燥过程中的温度、湿度等影响因素都会对其质量造成严重影响[9]。所以，药用植物在采收后常常要进行初步加工，以便于储存。我们调查的100种植物中，初加工方式均为洗净、鲜用或晒干。

2.4 药性与药味分析

2.4.1 药用植物药性分析

性，指的是药物的性能。药物性能的研究和分类，对于临床用药都有实际意义。中药的药性一般是指"寒热温凉"四种药性。而温与热，寒与凉则分别具有共同性；温次于热，凉次于寒。根据《中国药典》和《中药大辞典》等文献，可将药用植物的药性可分为寒、凉、平、热、温五类。所分析的100种药用植物中，寒性的种数最多，有34种，占所调查药用植物的34.00%；其次为平性药，有28种，占所调查药用植物的28.00%，再次是凉性和温性药，均占所调查药用植物的18.00%，种数最少的是热性药，仅占所调查药用植物的2.00%（见表9）。在中草药的采收加工中，掌握其药性也是非常重要的一步。

表 9　所调查药用植物药性统计

药性	频数	频率（%）	代表植物
寒	34	34.00	苦瓜（*Momordica charantia* L.） 酢浆草（*Oxalis corniculata* L.） 蕺菜（*Houttuynia cordata* Thunb）
平	28	28.00	石榴（*Punica granatum* L.） 猴樟（*Cinnamomum bodinieri* Levl.）
温	18	18.00	刺槐（*Robinia pseudoacacia* L.） 木贼（*Equisetum hyemale* L.）
凉	18	18.00	茄（*Solanum melongena* L.） 落葵（*Basella alba* L.） 女贞（*Ligustrum lucidum* Ait.）
热	2	2.00	辣椒（*Capsicum annuum* L.） 美人蕉（*Canna indica* L.） 马缨丹（*Lantana camara* L.）

2.4.2　药用植物药味分析

　　药味则是药物性能的另一方面，辛、甘、酸、苦、咸是最基本的五种滋味。根据《中国药典》对药用植物药用部位药性的分类，参照《中药大辞典》《全国中草药汇编》，将所调查的药用植物分为辛、苦、甘、酸、咸、淡、涩 7 类。其中种数最多的是苦味药，有 51 种，占所调查的药用植物总数的 51.00%；其次为甘味、辛味和酸味药，分别占所调查药用植物的 50.00%、26.00%、15.00%；再次为涩味药，占所调查药用植物的 3.00%；占所调查的药用植物总数比例最少小的为淡味和咸味药，仅为 2.00%（见表 10）。

表 10　所调查药用植物药味统计

味	频数	频率 /%	代表植物
苦	51	51.00	夹竹桃（*Nerium indicum* Mill.） 凤仙花（*Impatiens balsamina* L.） 苦瓜（*Momordica charantia* L.）
辛	26	26.00	绣球（*Hydrangea macrophylla* (Thunb.) Ser.） 菊花（*Dendranthema morifolium* (Ramat.) Tzvel.）
甘	50	50.00	茄（*Solanum melongena* L.） 枸杞（*Lycium chinense* Mill.）
酸	15	15.00	凌霄（*Campsis grandiflora* (Thunb.) Schum.） 石榴（*Punica granatum* L.）

味	频数	频率 /%	代表植物
涩	3	3.00	棕榈（ *Trachycarpus fortunei* (Hook.) H. Wendl.） 银杏（ *Ginkgo biloba* L.） 紫薇（ *Lagerstroemia indica* L）
淡	2	2.00	海金沙（ *Lygodium japonicum* (Thunb.) Sw.） 马缨丹（ *Lantana camara* L.）
咸	2	2.00	栗（ *Castanea mollissima* Bl.）

注：因部分植物有一种以上药味，故此表种数之和不等于总种数。

2.5 药用功效与功能分析

2.5.1 主要活性成分分析

药用植物是药物的一个重要来源，只有对药用植物含有的各类活性成分进行透彻的研究分析，充分地了解其活性成分的理化性质、化学结构、生物活性以及它们之间的关系，才能实现治疗效果的最优化。在本次调查研究中，我们对这 100 种药用植物进行了分析，发现其具有多种药用有效活性成分。根据《中国药典》《中药大辞典》和《常用中药及其活性成分手册》，本次调查研究中的药用植物可按所含活性成分结构分为 7 类，包括多糖类[10]、生物碱[11]、有机酸与酚类[12]、多肽与蛋白质[13]、黄酮类化合物[14][15][16]、萜类和挥发油[17]、甾族化合物[18]。其中含有有机酸与酚类的植物较多，有 58 种，占植物总数的 58.00%（见表 11）。各类活性成分分类及主要活性见表 12。

表 11 药用植物主要活性成分

主要活性成分	种数	所占比例（%）	主要活性成分	种数	所占比例（%）
多糖类	23	23.00	黄酮类	20	20.00
生物碱类	19	19.00	萜类和挥发油	25	25.00
有机酸与酚类	58	58.00	甾族化合物	20	20.00
氨基酸、多肽与蛋白质	8	8.00			

注：一种植物含多种活性成分，故此处植物种类之和不等于植物总数。

表 12　主要活性成分分类及功能

药用成分	科	属	种	药用活性
多糖类	21	22	23	（1）具有调节免疫功能。（2）具有抗肿瘤、抗病毒、抗衰老作用。（3）抗凝血作用。（4）降血糖作用。（5）降血脂作用。（6）类似肾上腺皮质激素和促肾上腺皮质激素作用。（7）抗溃疡作用。（8）阻抗放射性元素和毒素的吸收等多种作用
生物碱	15	18	19	抗肿瘤活性，抗菌活性，抗艾滋活性，抗疟活性。可作用于神经系统，心血管系统等
有机酸与酚类	37	58	58	有机酸有降脂降压作用、抗真菌作用和消炎作用。酚类化合物中类黄酮化合物具有抗变性、抗炎症、抗病毒和抗肿瘤的活性，酚酸具有抗氧化和抗心血管疾病的作用
氨基酸、多肽与蛋白质	6	7	8	（1）抗肿瘤活性。（2）神经生理活性。（3）抗脂肪分解活性。（4）抗炎活性。（5）降压活性。（6）抗溃疡活性等
黄酮类化合物	16	18	20	具有抗氧化、维护心血管系统、缓解肝类疾病、抑菌、抗炎、抗过敏等多方面的作用
萜类和挥发油	23	25	25	具有抗菌、平喘、抗过敏的作用
甾族化合物	16	20	20	如 β- 谷甾醇具有降低血胆固醇、止咳、抗炎、抗癌等作用

2.5.2　药理分类

药理分类是指根据中药本身的主治疗效，以中医基本理论为指导，通过药理学的方法研究中药并对其进行分类的一种方法。我们对所研究的 100 种药用植物进行多重统计分析。由于研究的某些植物在中药分类还未得到完善，我们将其归为其他药。根据《中华人民共和国药典》和《中药大辞典》，按照植物的药用功效归纳为如表 13 所示 16 大类：

表 13　常见药用植物药理分类统计

药理分类	种数	所占比例（%）	作用	代表植物
解表药	4	4.00	疏松肌肉、解除表证、促进出汗	菊花（*Dendranthema morifolium* (Ramat.) Tzvel.）牡荆（*Vitex negundo* L. var. cannabifolia (Sieb. et Zucc.) Hand.-Mazz.）

药理分类	种数	所占比例（%）	作用	代表植物
清热药	41	41.00	有泻火、凉血、解毒、燥湿及退虚热等功效	苦瓜（*Momordica charantia* L.） 栀子（*Gardenia jasminoides* Ellis.） 夏枯草（*Prunella vulgaris* L.）
活血化瘀药	11	11.00	温经通络，散寒化瘀，使经脉舒通，活血化瘀	繁缕（*Stellaria media* (L.) Cyr.） 牛膝（*Achyranthes bidentata* Blume.） 益母草（*Leonurus artemisia* (Laur.) S. Y. Hu.）
止血药	14	14.00	寒凉类凉血止血，温热类温经止血	鸡冠花（*Celosia cristata* L.） 紫薇（*Lagerstroemia indica* L.）
泻下药	2	2.00	疏通肠道，清热泻火	无花果（*Ficus carica* Linn.）
驱虫药	2	2.00	驱除或杀死肠道内的寄生虫	楝（*Melia azedarach* L.） 乌桕（*Sapium sebiferum* (L.) Roxb.）
补虚药	7	7.00	补充人体物质亏损，增强人体机能活动和抵抗力	枸杞（*Lycium chinense* Mill.） 土人参（*Talinum paniculatum* (Jacq.) Gaertn.） 鳢肠（*Eclipta prostrata* (L.) L.）
温里药	4	4.00	温暖脾胃、祛除寒邪	辣椒（*Capsicum annuum* L.） 落葵（*Basella alba* L.）
祛风湿药	3	3.00	祛除风寒湿邪、治疗风湿痹证	络石（*Trachelospermum jasminoides* (Lindl.) Lem.） 桑（*Morus alba* L.）
化痰止咳平喘药	3	3.00	祛痰或消炎、缓解咳嗽喘息	沙梨（*Pyrus pyrifolia* (Burm.f.) Nakai） 银杏（*Ginkgo biloba* L.） 柚（*Citrus maxima* (Burm.) Merr.）
理气药	10	10.00	疏通气机、消除气滞、平降气逆	香附子（*Cyperus rotundus* L.） 枣（*Ziziphus jujuba* Mill.） 光叶子花（*Bougainvillea glabra* Choisy.）
攻毒杀虫止痒药	2	2.00	攻毒疗疮，杀虫止痒	云实（*Caesalpinia decapetala* (Roth) Alston.）
收涩药	4	4.00	收敛固涩，治疗各种滑脱症候	石榴（*Punica granatum* L.） 木槿（*Hibiscus syriacus* Linn.） 栗（*Castanea mollissima* Bl.）
消食药	4	4.00	促进消化，增加食欲	一年蓬（*Erigeron annuus* (L.) Pers.） 稻（*Oryza sativa* L.）
利水渗湿药	8	8.00	渗利水湿、通利小便	葎草（*Humulus scandens* (Lour). Merr.） 龙葵（*Solanum nigrum* L.） 冬瓜（*Benincasa hispida* (Thunb.) Cogn.）
安神药	1	1.00	治疗心神不安	侧柏（*Platycladus orientalis* (Linn.) Franco.）

由表可得到以下的结论：第一，100 种药用植物中，清热药、止血药和活血化瘀药所占的比例较高，分别为 41.00%、14.00%、11.00%，其中清热药比例最高。第二，安神药、泻下药、驱虫药和攻毒杀虫止痒药所占比例相对较少，分别为 1.00%、2.00%、2.00%、2.00%，其中安神药比例最低。

2.6 药用植物的毒性

俗话说"是药三分毒"，大多数的药物都具有其两面性。一般来说，药物的有效活性成分往往也是其毒性成分[19]。若不恰当应用药物，极易引发不良反应，严重时甚至会威胁到人的生命安全。所以，在合理开发、利用药用植物资源时，要系统地结合毒理学知识进行分析，以中医理论为指导，严格遵守有毒药用植物的使用规则，切忌乱用、滥用。在我们对身边的 100 种药用植物进行分析时，发现了有毒药用植物 11 科 12 属 12 种（见表 14），其中夹竹桃有大毒，需在医师指导下谨慎用药。

表 14　身边常见有毒植物

植物名	拉丁学名	科	属
马缨丹	*Lantana camara* Linn.	马鞭草	马缨丹
凤仙花	*Impatiens balsamina* L.	凤仙花	凤仙花
夹竹桃	*Nerium indicum* Mill.	夹竹桃	夹竹桃
络石	*Trachelospermum jasminoides* (Lindl.) Lem.	夹竹桃	络石
刺槐	*Robinia pseudoacacia* L .	豆	刺槐
绣球	*Hydrangea macrophylla* (Thunb.) Ser.	虎耳草	绣球
楝	*Melia azedarach* L.	楝	楝
乌桕	*Sapium sebiferum* (L.) Roxb.	大戟	乌桕
射干	*Belamcanda chinensis* (L.) Redouté	鸢尾	射干
银杏	*Ginkgo biloba* Linn.	银杏	银杏
红蓼	*Polygonum orientale* L.	蓼	蓼
苏铁	*Cycas revoluta* Thunb.	苏铁	苏铁

3 讨论与建议

3.1 讨论

本文从种类多样性、生境、生态习性、药效与功能等多个方面对怀化地区身边常见的药用植物进行了研究与分析，大致了解身边药用植物的分布、功效与价值，提出了药用植物发展的建议，期望能够对人们了解药用植物有所助益，能丰富药用植物分类的研究方向。主要结果如下：

（1）身边药用植物的种类

本次调查，共发现有常见药用植物60科97属100种，菊科、豆科、蔷薇科等科物种数较多。绝大多数植物为单种属，仅柑橘属、茄属与悬钩子属有2种植物。总体来说，我们身边的药用植物种类较多，资源丰富。

（2）身边药用植物的生境与生活型

我们身边的药用植物分布较广，无论是园林庭院、路边灌丛，或是河边、草地，药用植物基本都有分布，且多以草本为主，大多数草本植物可全草入药，因此应该加强对环境的保护，减少农药等化学毒物的使用。

（3）身边药用植物的采收加工

根据文献资料可知我们身边药用植物的采收加工方式都相对比较简单，大多为洗净、晒干等步骤初步处理后即可使用。

（4）身边药用植物的性味分析

通过本次调查，我们按照性味将植物分为寒、凉、平、温、热5种类型，5种类型中寒凉和温热的药性相互对立，寒凉的药物一般为清热药，温热的药物一般为温里助阳的功效。平性的药物作用都比较温和。我们所观察到的100种植物中寒、平两种药物较多。药物的属性与植物的遗传性质以及生活环境均有关系，只有提高民众对药用植物的认识，才能发挥植物最佳的药用价值。

（5）身边药用植物的主要作用化学成分

根据植物的药用成分可将植物分为7个大类，其中有机酸与酚类所占比例最高，58种占总种数的58.00%；萜类和挥发油25种，占总种数的25.00%；多糖类为23种，占总种数的23.00%；其次为黄酮类、生物碱类、甾族化合物、氨基酸、多肽和蛋白质。有效成分往往决定着药用植物的药理，对有效成分的开发利用能够发现新的药用功效，深化对药用植物种质资源的开发。近年来黄酮类药用植物研究最为热门，黄酮类药物研发日渐丰富，有利于多种疾病的克服与治疗。

（6）身边药用植物的药理分析

我们按照植物的药用功效归纳为16大类，其中清热药所占比例最高，有41种占总种数的41.00%；活血化瘀药11种，占总种数的11.00%；止血药14种，占总种数的14.00%；理气药10种，占总种数的 10.00%；解表药 4 种，占总种数的 4.00%；补虚药 7 种，占总种数的 7.00%，其次为温里药、祛风湿药、收涩药、消食药、泻下药、驱虫药、攻毒杀虫止痒药、收安神药。不同的植物有不同的药理是由于不同的植物中含有不同的化学成分。药理学分析是中药材研究的一个重要基础，在充分了解药理理论的基础上，才能组合制剂并将其应用于临床，促进新药材的研发。

（7）身边药用植物的毒性分析

身边的药用植物部分具有毒性，有其使用的禁忌和注意，故在使用时不可乱用、滥用，应听从相关人士的建议科学、合理地用药，以免出现不良反应甚至威胁生命安全。

3.2 建议

（1）加强对药用植物的合理利用与保护

植物的生长受环境因素的影响，在对药用植物的开发与利用的同时，要注重对其生长环境的保护，尽量在保护其生长环境的基础上实现开发与保护并举，发展与和谐并重。在我们身边存在许多非常具有药用价值的野生植物，但大部分都被人们所忽略，只是当成杂草处理，未能对药用植物进行合理的利用，这无疑是一种资源浪费。此外，药用植物中草本植物占据多数，极易受农药伤害，有关部门应对药用植物的价值进行宣传，呼吁人们减少农药的使用，保护野生药用植物资源。另一方面，可以通过建立药用植物种植基地，集中种植，增加药用植物栽培面积，科学化管理，加强对药用植物综合利用。建立药用植物种植基地可以根据药用植物的生长周期以及生长习性创造合适的生长环境，同时可以对种植者以及采挖者进行培训，使其能根据药用植物的不同药用部位进行采收，可实现药用植物的可持续开发和利用，获得最大的生产效益。

（2）加强中药材活性成分的研究的深度

目前对大部分药用植物的活性成分都停留在分离、鉴定等初加工阶段，缺乏有深度的研究。中药材的药用活性决定其药理和药效，只有深化对其活性成分的研究，才能够发现新的药用功效，促进对药用植物种质资源的深度开发，提高中药材整体产业的效益。我们身边的药用植物往往具有多个药用部位，在活性成分研究水平成熟的基础上，对产品合理、深度地加工能够有限地避免资源的浪费。

（3）丰富药用植物分类学依据

在对种质资源初步了解的基础上建立起药用植物的分类系统对中药材产业选材、制剂、提高品质均具有重要的意义。在药用植物领域，仅仅运用形态学进行分类是远远不够的，应从多个角度对药用植物进行系统的分析和分类，为药用植物的合理开发利用提供依据。

（4）产业化生产，实现致富新途径

借助科技的发展，利用先进的现代化技术，进行药用植物产业化生产，能选育优良品种，提高药用植物品质，使药用植物的生产满足社会需求。同时，还能改进药用植物加工技术，降低药用植物原材料的损耗率，形成完备的种植、培育、采收、加工、销售一体化流程。如在怀化靖州县茯苓种植生产加工已具一定规模，基本成为南方地区销售转运中心，该地茯苓产业极大地提高了当地人民的生活水平，很大程度推动了当地的经济发展。除实行产业化生产外，还可根据当地优势药用植物打造地区性药用植物优势品牌，实现产业与品牌的协同发展。

参考文献

［1］　崔治家.甘肃省植物分类学研究现状与回顾[J].甘肃中医药大学学报，2018，35(05)：5–19.

［2］　许学锋.认识你身边的花花草草[M].广东：广东高等教育出版社，2017.

［3］　刘光华，佘朝文，蒋向辉，等.湖南通道侗族端午节中的民族植物学[J].植物分类与资源学报，2013，35(04)：472–478.

［4］　国家药典委员会.中华人民共和国药典[M].北京：中国医药科技出版社，2015.

［5］　江苏新医学院.中药大辞典[M].上海：上海人民出版社，1997.

［6］　全国中草药汇编编写组.全国中草药汇编[M].北京：人民卫生出版社，1983.

［7］　中国科学院中国植物志编辑委员会.中国植物志[M].北京：科学出版社，1993.

［8］　董静洲，易自力，蒋建雄.我国药用植物种质资源研究现状[J].西部林业科学，2005(02)：95–101.

［9］　都晓伟，孟祥才.中药材采收、加工与贮藏研究现状及存在问题[J].世界科学技术，2005(S1)：75–79.

［10］　黄芳，蒙义文.活性多糖的研究进展[J].天然产物研究与开发，1999(05)：90–98.

［11］　梁丹，李志伟，李明，等.天然生物碱的研究与应用[J].安徽农业科学，2007(35)：11340–11342.

［12］　王玲平，周生茂，戴丹丽，等.植物酚类物质研究进展[J].浙江农业学报，2010，22(05)：696–701.

［13］　纪建国，叶蕴华，邢其毅.植物多肽类化合物研究进展[J].天然产物研究与开发，1998(03)：80–86.

［14］　张德权，台建祥，付勤.生物类黄酮的研究及应用概况[J].食品与发酵工业，1999，25(6)：52– 57.

［15］　张传丽，陈鹏.银杏类黄酮研究进展［J］.北方园艺，2014（3）：177–181.

[16]　Wang Y Q, Wang M Y, Fu X R, et al. Neuroprotective effects of ginkgetin against neuroinjury in Parkinson's disease model induced by MPTPvia chelating iron[J]. Free Radical

Research，2015，49(9).

[17]　罗婧文，张玉，赵欣，等 . 食品中萜类化合物来源及功能研究进展 [J/OL]. 食品与发酵工业：1 ～ 8[2018-11-14].

[18]　闫雪生，徐新刚，张晶，等 . 柏子仁及霜品中 β - 谷甾醇的含量测定 [J]. 中国现代中药，2009，11(07)：23-25.

[19]　王宇光，马增春，梁乾德，等 . 中药毒性研究的思路与方法 [J]. 中草药，2012，43(10)：1875-1879.

参考文献

[1]　国家药典委员会 . 中华人民共和国药典 [M]. 北京：中国医药科技出版社，2015.

[2]　中国科学院中国植物志编辑委员会 . 中国植物志 [M]. 北京：科学出版社，1993.

[3]　江苏新医学院 . 中药大辞典 [M]. 上海：上海人民出版社，1997.

[4]　全国中草药汇编编写组 . 全国中草药汇编 [M]. 北京：人民卫生出版社，1983.